U0927138

中国中学生成长百科

给中学生的极简化学课

黄明建 著

中国大百科全书出版社

图书在版编目（CIP）数据

给中学生的极简化学课／黄明建著．—北京：中国大百科全书出版社，2018.5

（中国中学生成长百科）

ISBN 978-7-5202-0276-3

Ⅰ.①给… Ⅱ.①黄… Ⅲ.①化学-青少年读物 Ⅳ.①06-49

中国版本图书馆CIP数据核字（2018）第087378号

总 策 划：徐世新　刘　艳
责任编辑：徐君慧
封面设计：吾然设计工作室
责任印制：邹景峰

出　　版：中国大百科全书出版社
地　　址：北京阜成门北大街17号　　邮编：100037
网　　址：http：//www.ecph.com.cn　　Tel：010-88390718
图文制作：北京鑫联必升文化发展有限公司
印　　刷：小森印刷（北京）有限公司
字　　数：150千字
印　　数：22001～27000
印　　张：12.5
开　　本：889mm×1194mm　1/16
版　　次：2018年5月第1版
印　　次：2022年7月第5次印刷
书　　号：978-7-5202-0276-3
定　　价：88.00元

公　告

作者的话

《给中学生的极简化学课》是一本面向青少年的化学启蒙读物，既可以帮助即将学习化学的朋友入门，也可以帮助已经拥有一些化学知识的朋友拓宽视野。我在本书中是将化学置于社会和大自然的背景下，来讨论与我们生活密切相关的大气环境、水资源、金属与非金属材料以及食品与健康等系列问题，努力以新的概念、新的科技进展、鲜活的实例、实用的科学思想方法来介绍化学中的基础知识。

我曾希望以《与化学约会》作为书名，来表明学习化学其实是可以在一种思绪无所拘束的氛围下进行的，很少有人会喜欢不苟言笑的老师。那些调皮的原子和分子就是我们学习的好伙伴，只要你用心关注它们，它们就乐意为你呈现一个变化无穷、精妙绝伦的微观世界。事实上，在人类来到这个世界之前，化学反应就无处不在，也正是在生物体中的化学反应催生了人类，然后人类通过与化学长期的接触，从相知到喜爱，于是有了化学这门独立的学科。对于青少年朋友而言，我们也将经历与化学从接触到相知、喜爱的过程。

记得我小时候，一位同学说他妈妈的化验室里有种药水，能把石头化了，甚至能把铁溶了。

“哇——”，我们当时都很惊讶。但经验告诉我们：这不可能！大家都笑他吹牛。

可那同学信誓旦旦地说：我要骗你们，就是小狗！不信，我过两天带给你们看。

之后，不知过了多少个两天，这事儿也就没了音讯。

十多年后，我站在讲台上对学生说，你们每个人面前都有一瓶化学试剂，叫盐酸，不仅能把大理石化了，连铁都能溶解，想试试吗？

台下立刻沸腾起来，一个个跃跃欲试……

是化学，将我曾有的某些“经验”撕得粉碎。同时，化学也为我们认识自然、认识社会打开了一扇新的窗口，呈现出一个更加客观真实的世界。

化学是一门在原子和分子水平上展现自然之美的科学，也是一门穷思辨之能、寻万物之主的哲学，常常会给我们的认知带来一些意外的冲击。例如：

“无中生有”常被喻指荒谬，而化学偏偏能将它演绎为现实——两只看似空无一物的玻璃瓶，开合之间，竟然浓烟滚滚。

“水火不容”常用来喻指矛盾双方不可调和的尖锐对立，化学却能轻易地让水、火相容相生，甚至将一块金属扔进水里，也能顷刻间着火爆炸！

古人幻想“点石成金”，而化学却能助我们真实地滴水成银。

变幻莫测，对化学而言就是家常便饭。

对于初接触化学的青少年朋友来说，都会毫无例外地被奇趣无比的化学所吸引，但真正要走进化学世界往往需要一个适应过程。比如，在接触化学知识之前，如果有人说：我们的所有食物中都含有碳，这是让人不可思议的事情，因为那些丰富多彩、醇香可口的美味与我们经验中黑乎乎的炭无论如何也挂不上钩。倘若要论证碳原子与各种食物组成结构间的关系，更不是一件容易的事。

当我们的感性经验与理性认知出现较大差距甚至发生冲突的时候，怎么办？

老师常会告诉我们：让实验事实说话！

可麻烦常常就出现在实验中，同一实验，由不同的人做；或同一个人在不同环境下做，都有可能出现一些差异，甚至可能得出完全不同的结论。这就是事物变化的复杂性。有时候，对同一环境、同一个实验的现象，不同的人也可能得出完全不同的观点，这就是人观察问题的角度和思维方式的差异造成的。

我们不必因此陷入“不可知论”，无论实验结果如何不可思议，它都是真实的、客观的。如果实验结果与我们的预期不符，那有可能是我们的操作在某个地方出了问题，或者是我们的观察过程遗漏了什么，又或者是我们的实验设计不够周全，还有可能是我们的预期本来就不能成立。

曾有人相信“水能点燃蜡烛”，并在实验中得到了验证，可遗憾的是：结论还是错了！

有实验证明的结论还会错？为什么？

因为实验者太希望看到“水能点燃蜡烛”，于是在实验中太关注那些有利的证据，而忽略了不利的证据。

带着强烈的主观意识去捕捉符合我们预期的实验现象而忽略那些不相符的现象，是现实中存在的一种危险倾向。往小了说，会妨碍我们认识科学的客观属性，妨碍我们走近科学的本质。往大了说，会阻碍科学理论的发展或误导我们做出错误的决策。

化学是一门建立在大量实验事实基础上的自然科学。“实践、认识、再实践、再认识……”是我们通往真理的必然之路！

科普的价值在哪里？不仅仅是宣传人类已有的科学成果，更重要的应是有益于探寻前人获取科学成果的思想和方法，甚至包括前人对未来的思考。科学知识是载体，科学思想和方法是灵魂！突破僵化的灌输模式，让科普与现代教育发展相适应，这是我写作本书时努力贯穿的指导思想。科学思想哪里来？不是科学家脑子里固有的，也不是一成不变的，而是人类通过长期探索自然和社会实践活动逐步在理论层面上形成并不断完善的认知体系，是人类智慧高度提炼的结晶。科学理论的发展离不开人，科学实践需要更多的人，没有哪门科学体系能一蹴而就，更没有哪门科学能孤立存在。因此我的文字始终围绕着人与自然、人与社会、人与化学展开，努力与多学科知识相融合。

非常感谢中国大百科全书出版社为策划和出版本书所给予的支持，非常感谢各位编辑和工作人员为本书所付出的辛勤劳动。由于本人学识所限，书中难免有谬误之处，欢迎读者不吝赐教。

黄明建

引 子

什么是化学变化?

大气中看不见的战线

神奇的水

烛火探秘

金属世家

碳氏兄弟

我们真是自己吃的东西做的吗

生活中的酸碱盐

探索原子的人们

化学用语：一种通用的国际语言

化学：展示微观世界韵律之美的艺术

附　录

致　谢

引 子

《西游记》中有个二郎神杨戬，他的第三只眼可上洞天庭、下透海底，连猴王孙大圣也奈何他不得。第三只眼，又叫智慧之眼。化学，就是人类的第三只眼。

在与大自然打交道的近万年文明进程中，人类对宏观的物质世界有了越来越清晰的了解，但对于微观世界的意识却长期处在朦胧之中。人们一直在探寻：

这世界是怎么形成的？世间万物从哪儿来？

有人相信，这世界是上帝创造的，所有的物质都是上帝所赐。

也有人说，这世界是自然形成的，至少在人类所能探寻的时空中，物质一直都是客观存在的。

直到18世纪末，人类的第三只眼才渐渐开启，认知的触觉仿佛穿越一条幽深的时空隧道，在触及大自然的微观领域时，豁然间的眩目令人猝不及防，真不知是这个世界变大了，还是我们变小了。一粒青豆，竟然大得像童话中的王国。青豆中，那些蛋白质分子、油脂分子、淀粉分子像一座座毗邻的城堡，星罗棋布。而这些分子中的碳原子、氢原子、氧原子、氮原子……数不胜数，犹如一颗颗璀璨的明珠镶嵌在城堡上；还有那些调皮的小家伙：水分子、氧分子就像闪着荧光的精灵穿梭在城堡之间。化学作为一门自然科学学科的出现，为我们揭示出一个全新的世界，原来天上飞的、地上跑的、水中游的，还有各位吃的、住的、用的、玩的，甚至包括我们自己都是由各种各样的原子、分子或离子构成。

蛋白质分子结构

化学启蒙，一个历经万年的经验积累过程

火 物质发生剧烈化学反应时发热发光的现象。

100 多万年前，人类就关注到火，并由敬畏到学会利用，迈出了走向文明的第一步，这就是人与其他动物的差异。

陶器 将含多种硅酸盐的黏土加工成型后在高温下烧制而成的器具。

陶器的发明是新石器时代的标志，是人类利用化学变化改变天然物性的开端。古代陶器主要作生活器皿，同时也是人类最早的工艺作品。

铜器 将含铜矿物质在高温下用炭熔炼后浇铸成型的金属器皿。

最早冶铜技术约出现在 6000 年以前，这标志着人类已初步具有分辨矿物组分并用化学方法提取其中一些金属的技能。古代，铜多用于制祭祀礼器、生活器皿、作战武器和钱币。

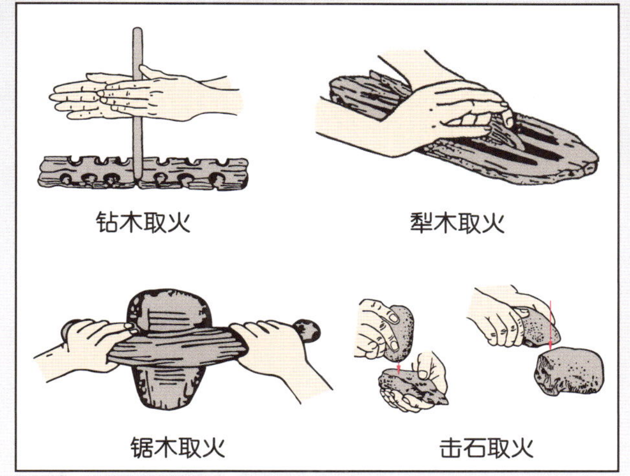

鱼蛙纹陶盆（仰韶文化）

商代青铜器四羊尊

商代大禾人面铜方鼎

西周青铜器蟠龙兽面纹罍

古代的物质微粒观

德谟克利特（约公元前 460 年～前 370 年）的原子论：世间万物都是由原子构成，原子不能再分。由于原子的大小、形态、次序和位置不同，原子彼此的碰撞结合成世界万物。

墨子（约公元前 479 年～前 381 年）的端：当物质分到无法再分时，就是端。端是构成物质的最微小的单位。从这个意义上讲，墨子的端与德谟克利特的原子概念有相似之处。

化学崛起，为人类创造了一个新世界

所有学科中，唯有化学是专门研究如何创造新物质的科学。

在以 J. 道尔顿为代表的众多科学家的长期努力下，终于在 1803 年推出了近代原子学说，为化学的进一步发展奠定了坚实的理论基础。从此，人类应对各种挑战，犹如有神相助，化解了一个又一个生死劫难，成就了一个又一个千年梦想。

伴随着 18 世纪的工业革命，世界人口迅速增长，粮食危机频繁爆发。后来，以空气和水（H_2O）为主要原料合成氨（NH_3）等工业的出现，为化解粮食危机发挥了巨大作用。

钢铁、煤炭、蒸汽机，催生了工业革命

随着城镇化的推进，居住区人口密度日益增大，卫生配套管理相对滞后，瘟疫肆虐对人类生命造成严重威胁，又是化学研制的各种医药一次次救人于垂危之中。

由于天然物质远远不能满足人类与时俱进的生活需求，各种人工合成的化纤、橡胶、塑料、新型陶瓷、涂料、化妆品应运而生，几乎覆盖了我们衣食住行的方方面面。以半导体和光纤为核心的化工产品使电视、计算机、手机迅速普及，千里眼、顺风耳的千年神话早已成为现实。

化学研制的各种质轻、耐温、抗辐射而功能强大的复合材料为人类的太空之旅保驾护航

化学是一门在原子和分子水平上研究物质的组成、结构、性质和变化的学科。

化学的任务就是了解原子的不同组合方式对物质性质所产生的影响，以及原子或分子在物质变化过程中的行为规律，以提高人类认识自我、认识自然、改善环境的能力。

化学的困境和未来：再靠摸石头过河可能会淹死

尽管化学为人类做出了巨大贡献，可目前化学正深陷困境，一提到化学就让人联想到环境污染、食品安全等一系列问题。其实有过错的不是化学这门学科，而是人！因为我们对化学的了解还很肤浅，以致误用、滥用化学知识；因为有人见利忘义，以致乱象丛生、害人害己。人类不缺智慧，就怕贪婪！要解决环境污染和食品安全等一系列问题，除了铁腕管理，还真离不开化学！也只有化学才知道如何将那些有毒有害物质中的原子转化成对我们有益的分子。

随着现代科学的不断进步，化学与物理学、生物学、医学、信息学、地质学等学科正发生着越来越多的相互融合。并且，这些学科的研究越接近原子和分子水平，对化学理论的依赖性就越强。如果留意一下近年来各学科在微观领域的重大发明和创新，就会发现这些成果仍在很大程度上得益于偶然的机遇或者是历经数十年的经验式的摸索，理论性引导还很欠缺。这也表明，化学理论的突破时不我待。从这个意义上讲，化学发展已经进入到一个非常时期！化学，已成为一门决定21世纪世界科技发展速度的科学！

集结号已经吹响！
努力吧，未来的化学家！

找一找

我们生活中还有几件东西与化学、化工产品无关？

什么是化学变化？

世界之大，风云莫测，变幻无穷。从斗转星移到四季轮回，从生命体的新陈代谢到微观的光子纠缠。但是，如果基于世间万物是由原子、分子、离子三种微粒构成，物质的变化就可概括为物理变化、化学变化和核反应三种类型。

物理变化

构成物质的原子、分子（或离子）的种类和数目都没变，没有生成新物质，只是物质的外形、大小、颜色或状态发生了改变。这种变化叫作物理变化。

如金属导电、冰雕制作、空气液化、蒸汽锅炉爆炸等。

冰是水的晶体，将普通的冰块制成有艺术观赏价值的冰雕，其中水分子并没有变，没有新物质生成，所以是物理变化

化学变化

构成物质的原子种类和数目没有变化，但原子、分子或离子间因为重新组合生成了新物质。这种变化叫作化学变化，也叫作化学反应。

如电解水、钢铁生锈、合成氨、可燃冰燃烧等。

合成氨装置

埃菲尔铁塔高达 300 米，是法国文化的象征，它的爱称是铁娘子。虽屹立 100 多年，依旧风采迷人。这除了归功于当初精湛的设计和建造技术之外，还得益于长期有效的防锈措施。否则，塔身的铁（Fe）会逐渐氧化成 $Fe_2O_3 \cdot xH_2O$，以致锈迹斑驳、结构疏松。到那时，铁塔将不再刚强！风景将不再美丽！因为铁被严重锈蚀，发生了化学变化。

比萨斜塔是用大理石建造的一座教堂钟楼，距今有 800 多年。建造初期，塔身就因地质基础的原因出现了倾斜。哪曾想，在历经多年精心打造之后，这座塔竟以斜就歪，一举成名。后来，有了伽利略的自由落体实验，更是修成了正果。近年有人推测，这座塔仍有可能在 250 年后因重心偏离塔基外缘而倾倒。即便如此，到了那一天，那些躺下的石头仍然是一堆“硬汉”，它们会悄悄地告诉你——

没事，我们还在，这不过又是一次物理变化。

为什么电器中金属导电是物理变化，而一些水溶液导电是化学变化？

电器中金属导电是所含自由电子在外加电场的作用下，在闭合电路中定向移动。导电时，金属的作用就是提供一个电流的通道，金属本身并没有转化成新物质，所以电器中金属导电属于物理变化。

水溶液导电也是提供一个电流通道，但须有物质付出代价！因为外加电流不能直接通过水溶液，只能借助物质在阴、阳两个电极上得失电子才能形成电荷定向迁移的闭合回路，即有物质在阳极被氧化（失电子），有物质在阴极被还原（得电子）。例如，硫酸（H_2SO_4）的稀溶液导电过程实际就是电解水。通电后，水被分解，在阴极得电子产生氢气（H_2）、在阳极失电子产生氧气（O_2），所以硫酸溶液导电属于化学变化。电解时，硫酸的作用就是增强溶液的导电性。

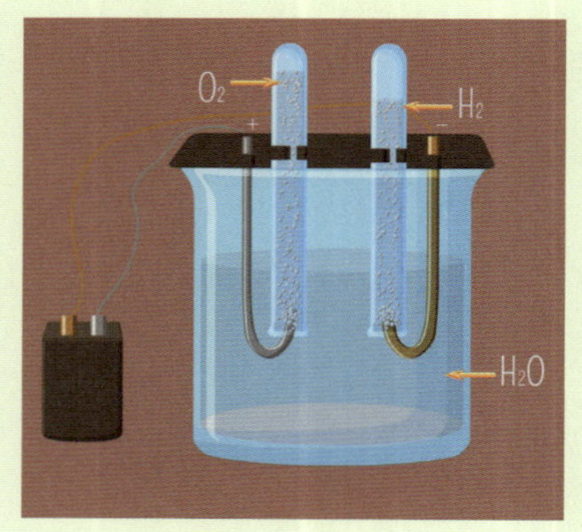

核反应

放射性元素的原子发生重核裂变或轻核聚变，导致原子的种类和数目发生改变，并放出巨大的能量。这种变化过程叫作核反应。例如，原子弹爆炸就主要是放射性的铀（^{235}U）原子核发生裂变生成一系列较小原子并释放巨大核能的过程；氢弹爆炸则主要是两种氢原子（如氘和氚）发生核聚变生成氦（He）同时释放巨大核能的过程。

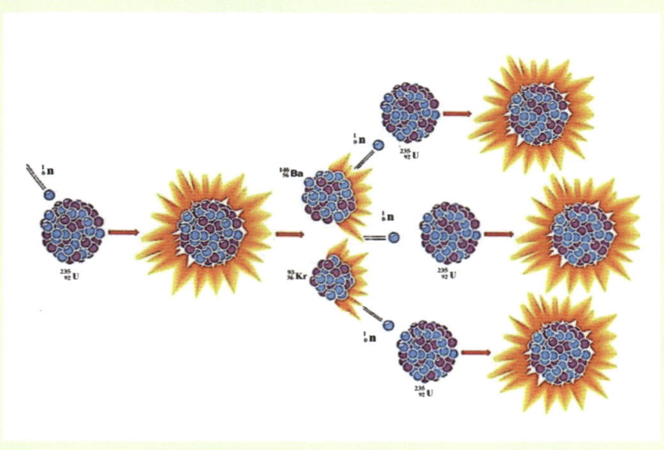

中国第一个核武器研制基地展览馆内展出的原子弹（左）和氢弹爆炸产生的蘑菇云模型（右）

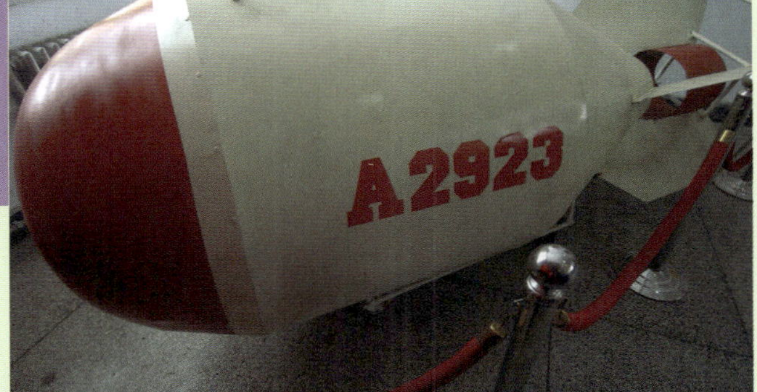

中国第一个核武器研制基地展览馆展出的原子弹模型

大气中看不见的战线

地球的表面，由厚达1000千米以上的气体包裹着，除了地心引力，这些气体似乎不受任何约束。它们像一道遍布无形孔隙的天然屏障，阻隔着可能威胁地球生物的外界袭扰，又维系着内外的物质和能量交往，这就是大气层。

宇宙源于“动”，大气层内并不平静，位于大气圈的最低层，直接与地表面相接的大气层叫对流层。其上界随纬度和季节而变化，低纬度区高度为17～18千米，中纬度区为11～12千米，高纬度区为7～9千米；夏季较高，冬季较低。这里是大气最活跃的区域，常常会有冷、热空气相互间呼啸着发起突袭，甚至会趁着电闪雷鸣之势爆发殊死的搏斗。厮杀中，有些气体分子瓦解了，一些新的分子诞生了。这是一道看不见的战线。

氧气与氮气的将帅情缘

将一只空玻璃杯，垂直倒扣进水中，会有什么感觉呢？没错，会感受到一股向上顶的推力。而水基本没有进入玻璃杯。道理很简单，那杯中看似空无一物，实则充满了空气。

我们周围的空气无色、无形，却是大自然为我们特制的一件保温外衣，体贴入微。不必嘲笑这件“皇帝的新衣”，如果真没有它，地球表面会很冷很冷，冷到我们难以生存。

现代人都知道：空气中主要是氮气（N_2）和氧气。可它俩的故事却说来话长。

18 世纪 70 年代以前，没人听说过氮气和氧气。法国化学家 A.-L. 拉瓦锡在挑战“燃素学说”的论战中，才揭开了这个千古之谜：所谓空气，其实主要就是由氮气和氧气组成的！

到 19 世纪 60 年代，俄国化学家 D.I. 门捷列夫在调查当时已知的 63 种元素的宗族关系时，才发现氮与氧原来是一对亲兄弟，它俩同属第二周期元素，氮排第七，氧排第八。

再后来，有人爆出一个惊天的星球历史巨案！

35 亿年前的地球，大气中主要是甲烷（CH_4）、氨、水和氢气等，基本上没有氮气和氧气露脸的份儿。后来是在太阳和海洋中的最原始生命体的帮助下，氮气和氧气才陆续活跃起来，长期的东征西战，最终确立了它俩在大气中的霸主地位。氮气执掌帅印，统领大气总量的 78%；氧气为将，约占大气总体积的 21%。

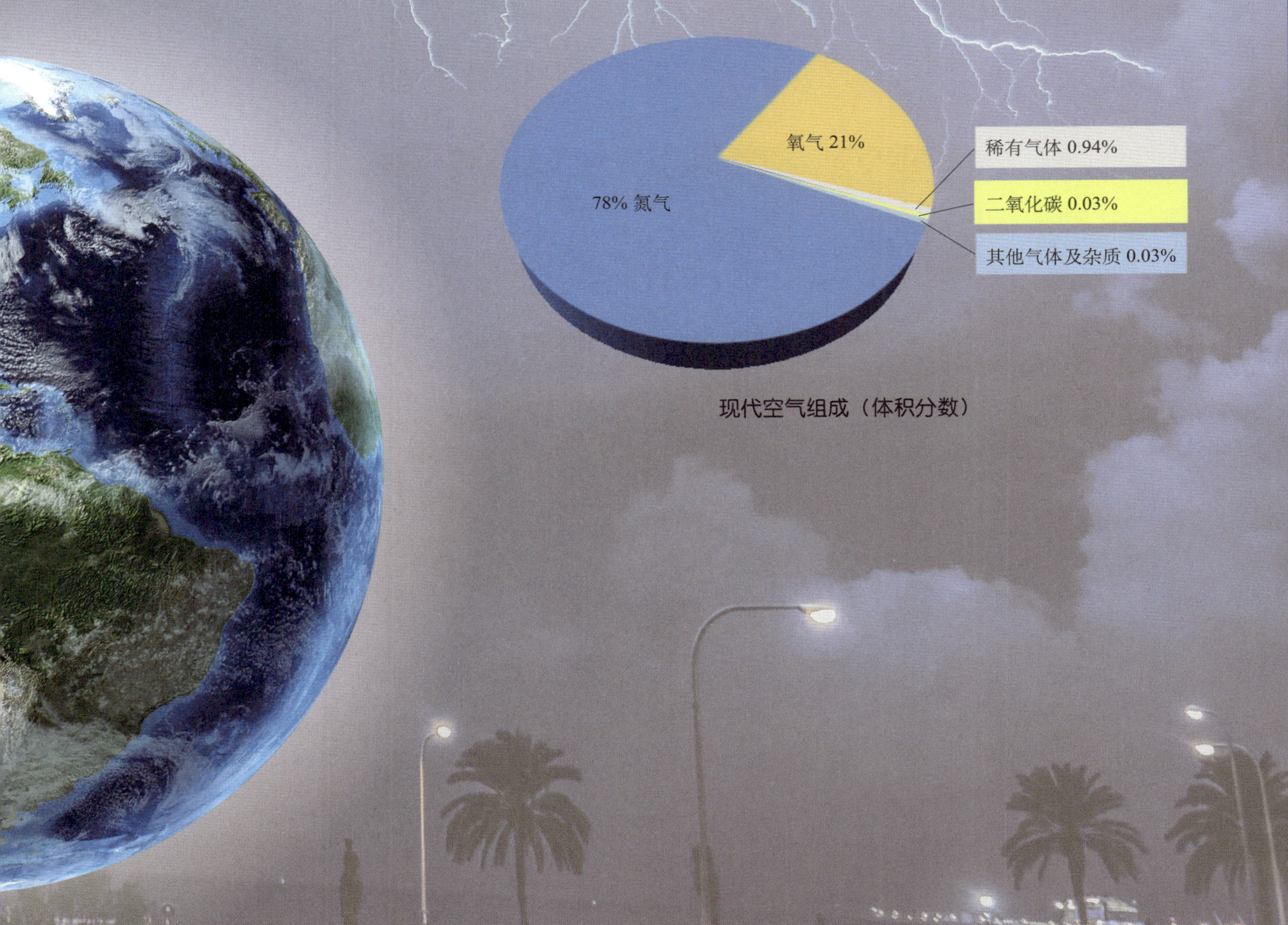

现代空气组成（体积分数）

活泼的氧气

氧气与氮气一样，无色无味，无影无踪，是天生的隐身大师。它们大多喜欢自由自在地游荡在空中，也有的喜欢钻到水里或地下石头缝里。不过，现在人类已经能利用扫描隧道显微镜捕捉到氧原子的身影。

氧分子（O_2）

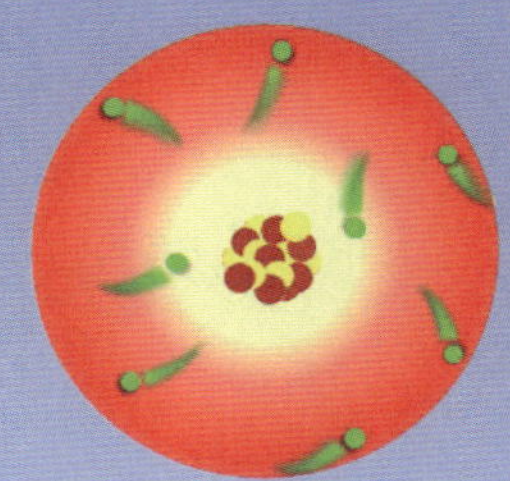
含有 8 个电子的氧原子

生锈的青铜人头像（三星堆遗址出土）

氧气是由双原子分子构成，化学性质活泼，天生富有掠夺性，只要看到其他原子核外的电子，心里就痒痒，一心想占为己有。大多数金属、非金属单质和化合物都常常遭遇它的攻击。铁变红（生锈）、铜（Cu）变绿、苹果变黑、葡萄酒变酸等都是它的杰作（氧化）。

生锈的金柄铁剑

氧化的苹果

在化学上，还特别给氧气这种夺电子的能力取了个名称，叫“氧化性”；而那些在化学变化中失去电子的物质则具有“还原性”。这对失电子的物质有些不公平，明明自己的电子被人抢走了，却被称为“还原”。

没办法，这就是弱肉强食的丛林法则。

铁在氧中的燃烧。氧分子从铁原子上取得电子，氧分子发生了还原反应，铁原子发生了氧化反应

氧气为什么会这么活泼呢？

氧气的氧化性与氧原子结构有密切关系。氧原子核外有8个电子，比氮原子还多1个。按常理，每个电子都带一个单位负电荷，电子越多、越集中，彼此间的排斥力越大，对应的运动空间应越大，原子半径也应越大。可偏偏氧原子半径比氮原子小！

为什么？原因只能是一个，氧原子核对外层电子的吸引力比氮原子大！

氧原子核内有8个带正荷的质子，可氮原子核内的质子只有7个。氧原子正是凭其更胜一筹的核力练就了8块“腹肌”，因此吸引了众多电子粉丝。无论氧分子或氧原子走到哪儿，那些粉丝就会追到哪儿。所以，它们要想从金属钠（Na）、铁、铜、白磷（P_4）、葡萄糖（$C_6H_{12}O_6$）、油脂等物质那里夺得电子，只是举手之劳的事。

“氧化性”是氧气所特有的化学性质吗？

不。“氧化性”一词虽然源自对氧气性质的研究，但所代表的却是物质夺电子的能力。在化学变化中夺得电子的物质都表现的是氧化性。

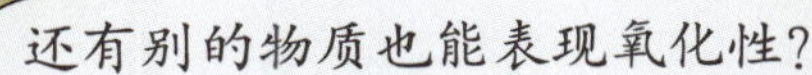

还有别的物质也能表现氧化性？

对。如氯气（Cl_2）能从金属钠那里夺得电子，生成氯化钠（NaCl）。Cl_2就表现出了氧化性；Na失去电子变成Na^+，Na表现的就是还原性。

氧气的“才艺”展示

想知道氧气对我们有多重要吗？来做一个最简单的实验吧：捂上你的嘴，再捏住鼻子，感觉怎么样？

通常，一个人如果不吃饭，只能活几周；如果不喝水，就只能坚持三五天；如果不呼吸，顷刻就“拜拜”了！

营养成分表		
项目	每 100 克	营养素参考值
能量	3055 千焦	36%
蛋白质	8.0 克	13%
脂肪	71.3 克	119%
碳水化合物	16.5 克	6%
钠	794 毫克	40%

我们常在一些食品包装的成分表栏里看到“能量”二字，其实那些相关物质是不能直接给人提供能量的。

又是虚假宣传？

你先别激动，且听我慢慢道来。你刚刚吃进去的那些营养物质需要氧气的帮助才能产生能量，这会儿它们正在你的血管里忙活着呢。否则，此刻的你，哪会有这精气神儿？

人吸入氧气的作用就是让氧气与体内物质发生氧化反应，以维系新陈代谢，并提供人体生命运动所需要的能量。

摩托车的发动机需要空气中的氧气来助燃

液氧是现代火箭最好的助燃剂，在超声速飞机中也需要液氧作氧化剂

供给宇航员呼吸

金属冶炼中，采用富氧可缩短冶炼时间、提高产量

运动员背着氧气瓶进行水下足球比赛

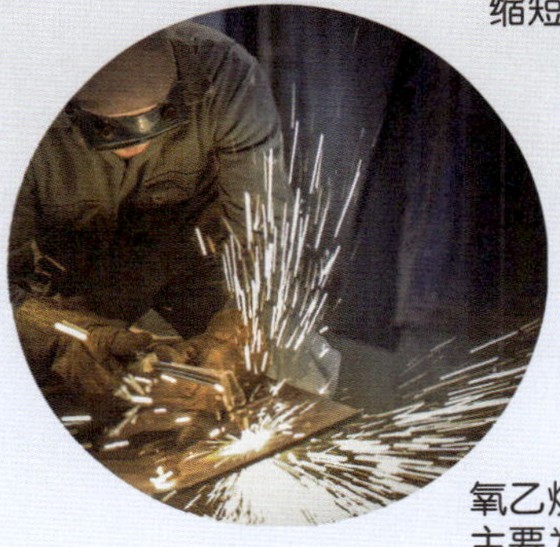

氧乙炔焊的助燃气体主要为氧气

液氧

即液态的O_2，一种淡蓝色液体。沸点为−183℃，有强氧化性。在航天、军事、医疗等方面均有重要应用。工业上，是通过分馏液态空气来获得液氧和液氮。

氮气的涵养

氮气的名字有点怪，氮由“炎”“气”组合，看似火气不小，其实，它是取平淡中“淡”的意思。尽管氮气与氧气一样由双原子分子构成，物理性质也有很多相似之处，在化学性质方面却有较大差异。

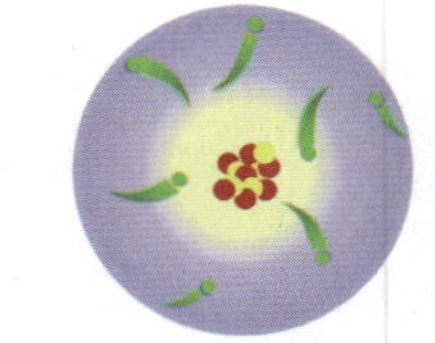
含有 7 个电子的氮原子

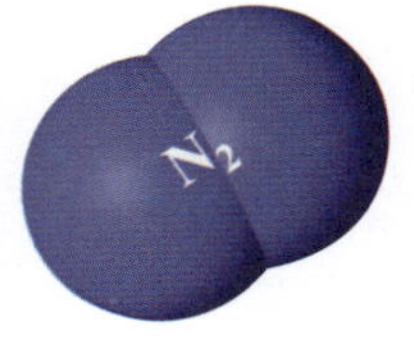

氮分子

氮气喜欢到处串门，无孔不入，但很有儒雅风度，不会随意掠走别人的电子，化学性质不活泼，当然也不支持动植物的呼吸。因此，氮气可被当作“惰性气体”用来保存粮食或是保鲜瓜果，这样既可以防虫害、防霉变，又可以抗氧化、延缓植物的新陈代谢过程。当然，高冷的氮气先生能做的远远不止于此。

氮气不活泼，并不意味着氮气没能力。恰恰相反，当氮气中的氮原子一旦进入化合物，就立刻成为核心成员。例如，氮的各种含氧酸（HNO_3、HNO_2）及其盐（KNO_3、$NaNO_2$ 等），还有氨、氨基酸、蛋白质等，均是以氮为中心的化合物。

图 1

图 2

图 3

图 4

图 1　飞机播撒液氮实施人工降雨

图 2　2010 年，全超导托卡马克核聚变装置（EAST，俗称“人造太阳”）成功实现液氮传输功能，从而可为“人造太阳”的重要部件降温，保障其稳定运行

图 3　2016 年 4 月 9 日，美国“猎鹰”9 号运载火箭海上回收成功，其关键技术之一是通过运载火箭上的液氮推力器来调整飞行姿态，使火箭几乎没有任何滚转，在降落过程中一直与地面保持垂直

图 4　1995 年，意大利工程技术人员经过数年的艰苦探索和研究，发明通过向比萨斜塔的基坑注入液氮使塔停止继续倾斜的方法

为什么植物需要氮肥？

从表观现象看，植物缺氮会导致叶片薄小，叶色黄绿甚至枯萎，根茎细弱，花果发育不全。其实关键在于氮肥是植物合成多种氨基酸、蛋白质所必需的原料，这些蛋白质维系着植物在不同生长期的新陈代谢。

氮气转化为氮肥有两个重要途径：自然固氮和人工固氮。

自然固氮

- 雷雨时，氮气与氧气在放电条件下，生成氮的氧化物（NO、NO_2）。然后，氮的氧化物再与水化合成稀硝酸（HNO_3），进入土壤后，硝酸根（NO_3^-）就转化为植物所需的氮肥。俗话说"雷雨发庄稼"，就是这个道理。
- 自然界中存在着另一种巧妙利用大气中的氮的方法，即生物固氮。生物固氮是某些微生物借助其体内特有的固氮酶的催化作用，在常温、常压下将空气中的分子态氮转化为氨。豆科植物根部的根瘤菌可以起到生物固氮的作用。19 世纪中叶，豆科植物根瘤菌固氮的秘密被揭开，根瘤菌的培养获得成功，并收到了稳定而显著的增产效果，于是纷纷建起工厂，实现了根瘤菌剂的商品化。

人工固氮

- 模仿雷雨固氮，使氮气与氧气在放电下转化成氮的氧化物过程工业化。
- 利用氮气与氢气在高温高压、催化剂作用下合成氨，即采用哈伯–博施法。

20 世纪初，德国化学家 F. 哈伯首创了"循环法合成氨"，为解决农业生产所需氮肥做出了突出贡献，因此荣获 1918 年诺贝尔化学奖。此后，又有 1931 年、2007 年两届诺贝尔化学奖颁给了对合成氨工艺及原理研究有杰出贡献的化学家。由此可见，合成氨对人类发展和科技进步的影响非同寻常。

冷漠王子氦

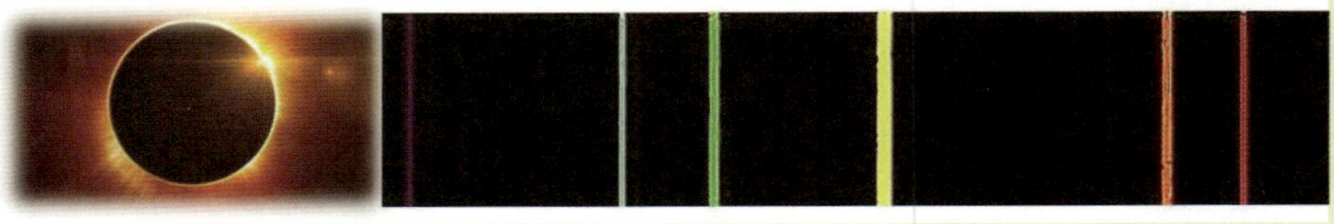

走进商场，每种商品都有识别其身份的条形码。化学上，每种元素也有识别其身份的“条形码”——原子光谱。不同在于商品的条形码是人为设置的，而原子光谱是每种原子特有的自然属性。因此，光谱分析是检测物质中化学元素组成的一种重要方法。

1868 年，法国天文学家 P.-J.-C. 让桑和英国天文学家 J.N. 洛基尔在观察日全食时，发现了一种在地球上从未出现过的原子光谱。一种新元素从此进入了人们的视线，并给它取了一个响亮的名字“helium”（氦），词源取自希腊文的“太阳”之意，元素符号为 He。时隔 27 年，英国化学家、伦敦大学教授 W. 拉姆齐终于在地球上的沥青铀矿粉中找到它。

常温下，氦气的密度约为空气密度的 1/7，且没有着火的危险，所以可用氦气取代氢气填充到高空气球和飞艇中

氦是一种没有颜色、没有气味的气体。虽是来自太阳的王子，性格却异常冷漠，天生桀骜不驯，几乎不与任何元素形成化合物，甚至氦原子之间也不往来，属于不活泼的化学元素，也是难液化的气体（沸点：–268.9℃）。若空气接触到液氦，也会被冻成“冰块”。

氦-3：月球上的能源宝藏

氦分子是单原子分子。氦在空气中的含量为 0.0005%（体积）。地球上有两种稳定的氦原子，其中核内含 2 个质子、1 个中子的氦原子叫作氦-3，符号为 ^{3}He；核内含 2 个质子、2 个中子的氦原子叫作氦-4，符号为 ^{4}He。这些原子核内质子数相同、中子数不同的原子，在化学上互称同位素。

《中国首次落月成功纪念》邮票，邮票内容分别为“嫦娥”3 号着陆器和“玉兔”号月球车

氦-3 是一种重要的新能源，可与一种叫作“重氢”的原子在一定条件下发生热核反应，并释放出巨大的能量。但目前地球上氦-3 含量极微，难以得到有效利用。而月球上氦-3 储量丰富，可望满足人类近万年的能源需求，且基本不会因此产生新的污染源，故可望成为人类的未来能源。

氦气与潜水病

潜水员在水下工作时，吸入的空气因压力增大导致在血液中的溶解度也相应增大。这样浮出水面时，溶解在血液中的氮气就会因压力降低而逸出，产生的气泡会危及生命，这就是潜水病。而氦气比氮气在人体血液中的溶解度小得多。用氦气代替氮气，与氧气按比例混合成人造空气，供潜水员水下呼吸，可以大大减少发生潜水病的危险。

揭开掩藏的神秘族群

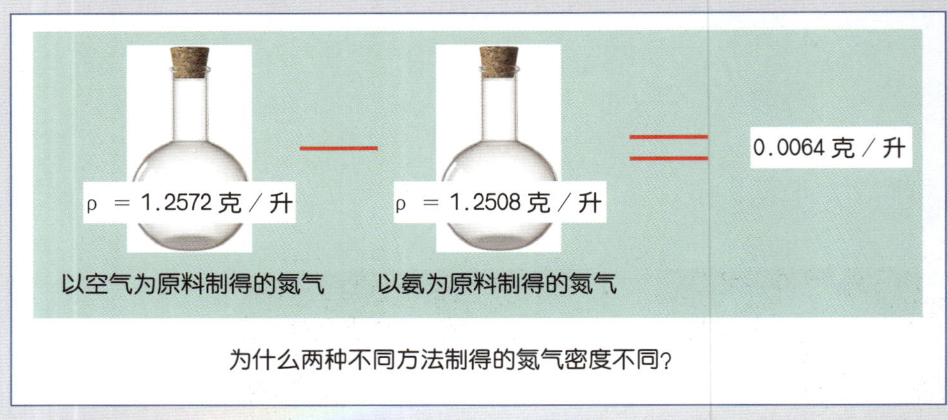

为什么两种不同方法制得的氮气密度不同？

自 18 世纪 70 年代法国化学家拉瓦锡以“氧化学说”取代“燃素学说”之后，一百多年里，科学界都深信空气中除了主要成分氮气和氧气之外，剩下的就是少许碳酸气、水蒸气和一些流动的杂质。没人会想到大气中还隐藏着一个神秘的元素族群。

19 世纪 90 年代初，当英国物理学家瑞利试图准确测定氮气的密度时曾陷入困惑。他采用两种不同的化学方法制得氮气：一种是以空气为原料制氮气；一种是以氨为原料制氮气。用上了当时所能想到的各种方法除杂，结果测得这两种方法制得的氮气的密度总是相差千分之五。

拉姆齐

为此，瑞利多次公开其相关研究，希望有人合作或指出其测定值出现偏差的原因。1894 年 4 月，伦敦大学化学教授拉姆齐与瑞利走到了一起。拉姆齐怀疑此前利用空气制得的氮气中还残留有某种未知组分，于是在瑞利前期实验的基础上，增设了一套实验装置，用化学方法彻底除掉所制得的氮气，想看看还能剩下什么。结果，奇迹出现了，确实残留有一个无法除尽的小气泡！反复检测的结果：其中的气体不与任何物质发生化学反应。当年 8 月 13 日，他们在牛津召开的自然科学家代表大会上宣布了这一重大发现，大会主席马丹提议给这个新元素命名为 argon（氩），希腊文“懒惰”之意。

然而，此时拉姆齐的思绪犹如一匹脱缰的野马，他想到了俄国化学家门捷列夫的元素周期律，想到了新发现的氦和氩（Ar）在门捷列夫的周期表中应该属于新的一族，并预言这一族中存在着其他元素。

拉姆齐在 1896 年发表的预测元素表

Ⅶ族		0 族		Ⅰ族	
H	1.01	He	4.2	Li	7.0
F	19.0	?	(20)	Na	23.0
Cl	35.5	Ar	39.2	K	39.1
Br	79.0	?	(82)	Rb	85.5
I	126.0	?	(129)	Cs	132.0
?	(169.0)	?		?	
?	(219.0)	?		?	

拉姆齐，我们到哪儿能找到它们呢？

根据元素性质递变规律，它们很可能都是气体，并且藏在空气中。

太好了！那我们赶紧行动吧？

不，我们还缺一把“钥匙”。别忘了，这都是“惰性”气体，恐怕没有物质能与它们反应，最有希望的办法是分离液态空气。可问题是我们还没有空气液化的技术。

神秘族群的现身

1872 ～ 1874 年，D. 贝尔和 C.von 林德分别在美国和德国发明了氨压缩机，并制成了氨蒸气压缩式制冷机，这使得液化空气成为可能。

1898 年 5 月 30 日，拉姆齐分馏液态空气后，用光谱分析发现了氪（krypton），希腊文原意为“隐藏”。元素符号定为 Kr。

同年 6 月 12 日，拉姆齐找到了氖（neon），希腊文原意为“新的”。元素符号定为 Ne。

同年 7 月 12 日，拉姆齐又分离出一种惰性气体氙（xenon），希腊文原意为“陌生的”。元素符号定为 Xe。

1908 年，拉姆齐测定 F.E. 多恩在 1900 年发现的镭射气的光谱和密度，再次为惰性气体家族找到一名新成员，后来命名为氡（radon），元素符号定为 Rn。

至此，从空气中分离出各种惰性气体获得圆满成功。这也是对元素周期律理论的验证。

陷入是非窘境的二氧化碳

二氧化碳（CO_2）和氧气一样，是我们的亲密朋友。

舞台上制造人工“仙境”以及在市场上用于冷藏保鲜的干冰都是它。

其分子是由一个碳原子和两个氧原子构成，即 CO_2。

现代大气中的 CO_2 除了源自动植物的呼吸外，还大量来自化石燃料的燃烧，吸收 CO_2 的途径主要是植物的光合作用，海洋也是一个溶解 CO_2 的巨大容器。本来大家都和谐相处，可半个多世纪以来，CO_2 似乎惹上了一个大麻烦——有人指控它四处乱窜，产生的温室效应危害了环境。

有些气体像温室的玻璃罩，将太阳辐射到地面的能量给拦截下来，不能重返太空，导致地表过热，这就是温室效应。温室效应产生的最严重后果是两极冰雪融化，海平面升高。

月亮在南极大陆上升起的美景。随着全球气候变暖，南极冰盖正在慢慢融化，这片银白色冰冻大陆的美景也面临着慢慢消失的危险

名有“花环”之意的印度洋明珠——马尔代夫正在受到海平面上升的威胁。一批科学家发布的最新报告表明，如果目前全球变暖的趋势得不到遏制，那么马尔代夫和其他一些地势低洼的国家可能会在21世纪消失

被誉为“天堂岛国”的马尔代夫正在“消失”；而气候环境的恶化，还影响到生态平衡，绅士般的企鹅等生物的生存空间被不断压缩；更有内陆泥石流等灾害频发。都说罪魁祸首是CO_2，可CO_2却是满肚子委屈：

“看看下面这张表！

能产生温室效应的大有人在，为什么老盯着我？

再说，又不是我要跑到大气里去。是你们人类死乞白赖地掘地千尺，把煤、石油给弄出来，拼了命似的烧！这才导致我的群体不断膨胀。

可你们又大面积砍伐森林，弄得我居无定所，四处漂泊。现在倒好，你们得到了自己想要的东西，发现气候环境变差了，就一板子打在我屁股上，你们还有良心吗？”

温室气体	占温室效应比重（%）
H_2O	60
CO_2	26
N_2O	6
CH_4	4.7
SF_6、HFCs、CFCs 等	3.3

说公道话，CO_2 的抗辩有一定道理。水汽确实对产生温室效应的比重最大，洗过桑拿的人应该有体会。问题是水汽在大气层中的含量受海水蒸发的控制，不直接随人类活动而变化。有研究表明，自工业革命后，空气中 CO_2 含量从 0.275‰增长到 2010 年的 0.389‰，成为温室效应加剧的最重要因素，而 CH_4 和一氧化二氮（N_2O）等则有后来居上之势。为控制和减少 CO_2 等温室气体的排放，世界各国已采取联合行动。继 1997 年联合国气候变化框架公约组织通过《京都议定书 》之后，又于 2015 年 12 月 12 日在国际气候变化大会上通过了《巴黎协定》，以进一步加强国际合作。2016 年 11 月 4 日，在人类应对气候变化的努力中具有历史性意义的《巴黎协定》正式生效。

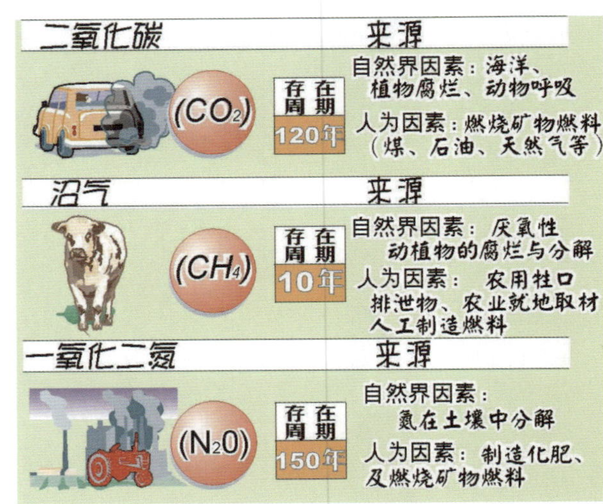

引发温室效应的三大罪魁祸首

在挪威斯瓦尔巴群岛水域一块浮冰上进食的北极熊。由于全球气候变暖，这里的积冰正在加速融化

如今，CO_2 已深陷是非窘境。CO_2 既是支撑地球生命的功臣，又是恶化自然环境的祸首。对人类而言，若过度限制 CO_2 的排放，绿色植物的光合作用将为无源之水、无本之木，人类赖以生存的食物链将难以为继；若对 CO_2 等温室气体不采取有力的限控措施，等待人类的又将是“世界末日”。

防止温室效应的关键——保护臭氧层

我国已于 2016 年 12 月 22 日首次成功发射一颗全球二氧化碳监测科学实验卫星（简称“碳卫星”），旨在为全球学者开展碳排放和气候变化研究提供有益的观测数据，为政府间合作制定相关政策提供科学依据。

2018 年 5 月 9 日 2 时 28 分，我国在太原卫星发射中心用长征四号丙运载火箭成功发射高分五号卫星。高分五号卫星是世界首颗实现对大气和陆地综合观测的全谱段高光谱卫星，也是我国高分专项中一颗重要的科研卫星。它填补了国产卫星无法有效探测区域大气污染气体的空白，可满足环境综合监测等方面的迫切需求，是我国实现高光谱分辨率对地观测能力的重要标志。

以火星作为新的栖身之地，也是人类正在探索的一个选项，中、美、俄、印等国正在实施火星探测计划。

我国高分五号卫星发射成功，可探大气污染物

臭氧：地球生物的保护神

在对流层的气体分子们闹得轰轰烈烈的时候，距地面 16 ~ 50 千米的地方正发生着另一场看不见硝烟的战争，那是臭氧（O_3）在抵御外来高能紫外线对地球生物的侵袭。一批臭氧分子被撕碎了，又一批新的臭氧分子冲了上去，它们前仆后继，义无反顾。这一战争的主战场就在大气的平流层，至今已经持续了约 6 亿年。正是在臭氧的强力庇护下，高能紫外线被阻挡在平流层的外围，长期躲在海水里的生物才逐渐迁到陆地，不断地繁衍进化，于是陆续出现了茂密的森林、各种飞禽走兽以及人类。

臭氧层防线能够坚守几亿年，堪称无影神盾。但知道内幕的人明白，臭氧分子的身子骨并不硬朗，甚至在常温下就会缓慢地分解为氧气。臭氧能抵御高能紫外线，主要是靠诸葛亮的“草船借箭”之术。一方面，借太阳辐射将臭氧层内的氧分子离解为活性极高的氧原子，再合成臭氧分子，以源源不断地补充臭氧的兵源；然后，形成的臭氧敢死队冲向前线，不惜被高能射线再次分解为氧气。它们坚信，自己将会重生，而有害的射线将被化解于无形。

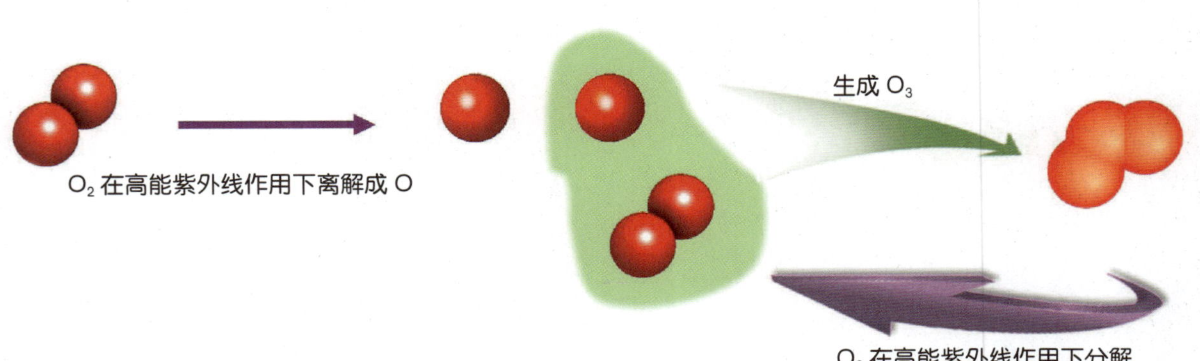

警报，臭氧层防线出现空洞

20 世纪中叶，危机的阴影悄然走近，臭氧层的南极防线出现了空洞！更令人惊讶的是，臭氧防线的局部失守并不是来自外部的突破，而是因为背后的偷袭！

没有人宣称对此事负责。

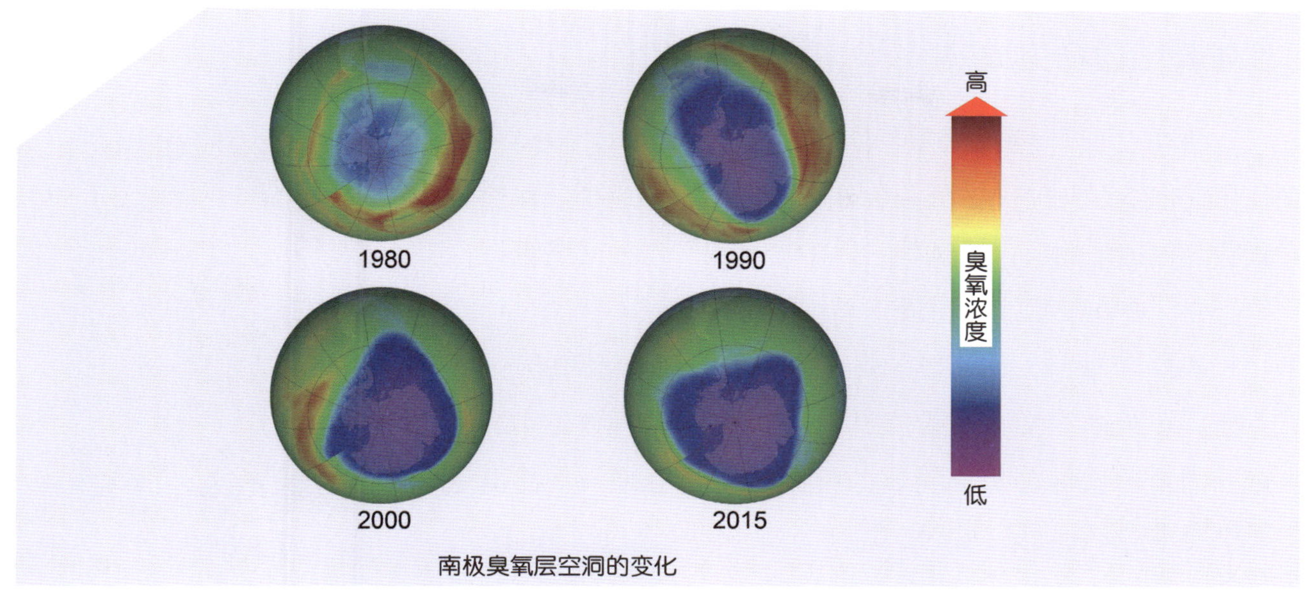

南极臭氧层空洞的变化

1970 年，荷兰大气化学家 P.J. 克鲁岑率先发出臭氧层正在被破坏的警报，并从化学反应机理上论证：工业废气以及汽车尾气中的氮氧化物就是真凶！

1974 年，美国化学家 F.S. 罗兰和 M. 莫利纳再次发出警报，并指证人类泄露到大气中的制冷剂氟利昂和灭火剂哈龙是破坏臭氧层的元凶！

然而，现代工业和交通所带来的实惠蒙蔽了人们的双眼，环境恶化的危险被利益和冷漠淡化。

直到 1985 年，一则爆炸性的新闻令全世界为之震惊！英国南极站的科学家首次公开披露监测结果：1980 ~ 1984 年，南极的臭氧层每到 8 ~ 10 月均出现巨大空洞，面积比肩美国的国土，深度相当于珠穆朗玛峰的高度。美国“雨云”7 号卫星的监测随后也证实了其真实性。如果再任凭高能紫外线的入侵，农作物将大面积减产、水生食物链将可能中断，人类将在面临粮食短缺的同时，饱受皮肤癌、白内障等疾病的煎熬，整个地球生物圈将面临严重威胁，甚至灭顶之灾！

工作人员回收“哈龙”灭火器，它产生的气体是破坏臭氧层的元凶之一

保护臭氧层已是刻不容缓。

保护臭氧层初见成效

经联合国环境规划署（UNEP）多年努力，1985年3月在维也纳召开的保护臭氧层外交大会上，通过了《保护臭氧层维也纳公约》，旨在就“保护臭氧层”这一问题进行合作研究，并在技术交流层面上增强国际合作。

1987年9月，UNEP在蒙特利尔召开国际臭氧层保护大会，并通过了《蒙特利尔破坏臭氧层物质管理议定书》，对控制全球破坏臭氧层物质的排放量和使用进一步提出了严格要求。臭氧层保卫战正式打响。如今已经走过了30多年，尽管人们对臭氧层出现空洞的原因还有争议，但保护臭氧层已经达成共识。

历史终究不会忘记那些为臭氧层、也为地球生命呐喊的人们。1995年，诺贝尔化学奖首次颁给了在环境化学领域做出突出贡献的科学家——克鲁岑（荷兰）、罗兰（美）、莫利纳（美）。

克鲁岑

罗兰

莫利纳

我国南极考察队员在南极中山站释放臭氧探空气球。南极是进行臭氧观测的“天然实验室”，目前臭氧观测已成为许多国家在南极进行科学考察的一项重要内容

身边的臭氧要慎待

臭氧是一种淡蓝色气体，有鱼腥味。在我们周围的空气里臭氧含量极少，一般不会带来不愉快的感觉。在雨后森林中漫步时，那微量的臭氧倒会让你感到空气格外的清新。

臭氧的氧化性比氧气强，可用于净化废气、废水；也可取代氯气用于饮用水的杀菌、消毒，并且杀菌效率更高，且处理过的水没有异味。

臭氧在有机合成中也有重要应用，比如用于制香兰素之类的香料。

尽管臭氧层如神般地保佑着地球上的亿万生灵，在对流层中微量的臭氧也有益于人体健康，但当我们身边的臭氧含量高于 1 毫升/米^3 时，就可能引发头疼、胸闷咳嗽、眼睛刺痛等症状。

有些电子消毒产品是通过产生臭氧来给生活用具消毒，正常使用是安全的。但室内如果闻到臭氧的气味就须警惕，这时的浓度很可能会有害于你的健康。

雾霾：现代都市之虞

始于18世纪的蒸汽机改良和煤炭工业崛起，使工业化与城镇化发展相携而行。人口不断集中到矿山、港口和机械化生产区，从而在旧城区规模扩大的同时也催生了一大批新兴城市。

19世纪80年代，从蒸汽机发展到内燃机，是化学能转化为机械能在技术上的重大突破，相应的生产工具变革以及生产规模的扩大和交通运输的提速促进了传统城镇向现代都市的跨越。然而，与现代化发展历程同生的还有大气污染——雾霾。

从自然现象来看，雾霾古已有之。

所谓雾，是指接近地面、由小水滴或冰晶悬浮在空气中形成的气溶胶。

所谓霾，是指原因不明的大量烟、尘等固态微粒悬浮于空气而形成的气溶胶。

而现代的雾霾在组成上已与时俱进。具有代表性的20世纪初至50年代的伦敦毒雾，主要是工业烟尘及燃煤产生的硫的氧化物。而20世纪40年代至50年代美国洛杉矶的光化学烟雾主要是汽车尾气排出的氮氧化物、碳氢化合物（烃类物质）以及它们在光催化下产生的浓度较大的O_3等二次污染物。进入21世纪后的中国等发展中国家也频繁地遭遇雾霾的侵袭。可以说，现代的雾霾主要是人类亲手为自己生产的毒剂。

“风吹霾散两重天”的北京街景

雾霾的危害

雾霾中飘浮的$PM_{2.5}$包含着烟尘、硫酸盐、硝酸盐、碳氢化合物等有毒有害物质，可直接通过呼吸系统进入支气管甚至肺部。造成的疾病主要集中在呼吸道疾病、心脑血管疾病等病种上。并且，出现雾霾时，空气流动性差，可吸入颗粒物骤增，有害细菌和病毒向周围扩散的速度变慢、浓度增高，疾病传播的风险增高。据报道，2012年联合国环境规划署公布的《全球环境展望5》指出，每年有近200万的过早死亡病例与颗粒物污染有关。

解读 $PM_{2.5}$

PM 是颗粒物（particulate matter）的英文缩写，$PM_{2.5}$ 专指大气环境中空气动力学当量直径小于或等于 2.5 微米，大于 0.1 微米的颗粒物。2013 年 2 月，全国科学技术名词审定委员会为 $PM_{2.5}$ 取了个中文名，叫细颗粒物。

$PM_{2.5}$ 对应颗粒物的实际直径未必恰好为 2.5 微米。因为大气中实际颗粒的形状、大小不规则，不方便测定，于是就建立了一个“相当于”的空气动力学参照标准。将所测实际空气中颗粒物的沉降、飘浮行为参数与直径为 2.5 微米的颗粒物的大气运动行为指数比较，所得值就是评价空气中 $PM_{2.5}$ 浓度的依据。

中国政府为解决大气污染问题，积极推动能源结构调整，倡导节能减排的同时，对高能耗、高排放、高污染的工矿企业实施了关停并转的系列措施。

$PM_{2.5}$ 监测点监测采样仪器

2011 年 1 月 1 日，环保部发布的《环境空气 PM_{10} 和 $PM_{2.5}$ 的测定重量法》开始实施，首次对 $PM_{2.5}$ 的测定进行了规范。2012 年 5 月 24 日环保部公布了《空气质量新标准第一阶段监测实施方案》。经过多年努力，治理大气污染已初获成效。

雾炮车正在进行喷雾抑尘。这是一种新型多功能抑尘车，集洒水、除尘、治霾、喷药功能于一身，采用环保除尘风送式喷雾机，能喷洒 100 米远的“雾炮”，将飘浮在空气中的污染颗粒物迅速逼降地面，达到净化空气的效果

神奇的水

无论是钱塘江大潮的气势磅礴，还是漓江秋水的南域风情；无论是松花江畔的雾凇奇观，还是“飞流直下三千尺”的庐山仙境……无时无处不在彰显水在大自然中的独特魅影。

然而水的神奇，并不止于它带给人的视觉冲击，它那润物无声的细腻、大海般的胸怀、以柔克刚的智慧和一怒冲天的勇气，带给人更多的是智慧启迪。难怪孔子说：智者乐水，仁者乐山。时隔千年，这句话给人的回味更增添了科学的内涵。

由水引发的思考

为什么所有生命都离不开水？

为什么水能溶万物，又能自洁如玉？

为什么水从善如流，又冰坚似铁？

为什么水既能保温又能降温，还能升温？

世间万物，恐怕只有水能将最小与最大、至简与至繁演绎得淋漓尽致。比如：

水是自然界中分子最小的化合物，却是地球上分布最广泛的资源；

水是至纯至简的无机物，却维系着自然界最复杂的蛋白质分子的形成和代谢过程。

这一切，都只有在学了化学之后，才可能有更深刻的理解。

生命之水

地球生物史表明：生命的发祥地是海洋，动植物体内含量最多的分子就是 H_2O。

人们常说："女人是水做的。"其实男性身体内的含水量是要高于女性的。

水是人体所需的六大营养素之一。一个成年女性体内含水量约为体重的 50%，而一个成年男性体内含水量约为体重的 60%。从人体组织来看，女性皮下脂肪相对较多，脂肪就是通常所说的"油"，油对水是有排斥作用的。所以女性多为体态丰腴，肤如凝脂。男性体内肌肉较多，肌肉中血管密布，以保证肌肉运动所需的营养和能量供给，而血浆的含水量竟高达 92%。

人体中所需的各种营养素的消化、吸收、传输和代谢过程全都依赖水的参与。有些物质在水的作用下会发生离解，与水组合成新的物质，在化学上，将这类反应叫作水解反应。

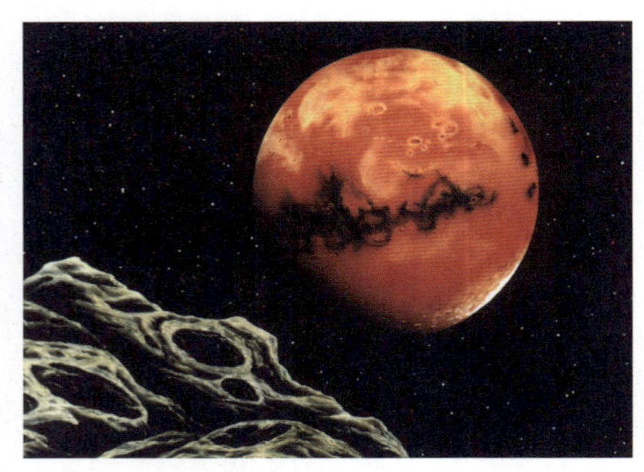

在火卫一上看火星（喻京川的太空美术画）

例如，淀粉（碳水化合物）、油脂、蛋白质进入人体后的消化过程，就是首先在相应酶的辅助下发生水解，形成容易被人体吸收的小分子。然后，又以水为载体输送到人体的各个器官组织。

2015 年 9 月 28 日，美国国家航空航天局（NASA）宣布，在火星表面发现了有液态水活动的新证据，为人类未来移民到这个红色星球增添了希望。

几乎与此同时，美国科幻大片《火星救援》在世界各地热播，再次燃起了人们对载人航天的热情。该片模拟现实的航天科技演绎了人类在 2030 年首次登陆火星的冒险传奇：6 位宇航员在火星上遭遇巨型风暴，太空之旅被迫提前中止。美国宇航员马克•沃特尼因与团队失联被误认为殉职而留在了火星，成了太空鲁滨逊。可火星上没有植物、没有相伴的动物，甚至找不到水。在他的身边只有一个月的食物，要想等到地球指挥中心发现自己并组织救援，至少需要 1 年的时间。

为了活下去，马克•沃特尼利用液氢和液氧建起了一个生产水的循环系统，同时也为生产粮食创造了一个水源，这或许是火星上一次久违的生命与水的相约。一场围绕人类如何在火星上生存的探险以及如何帮助马克•沃特尼重返地球的星际救援行动就此拉开了帷幕……

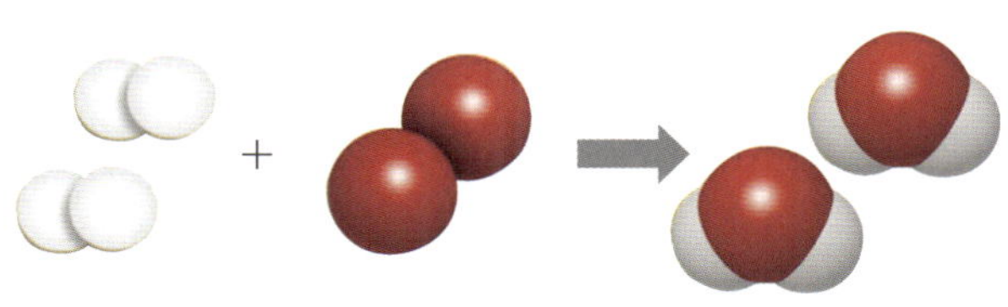

H_2 和 O_2 生成 H_2O 的反应过程

植物的光合作用也必须是在有水的环境中，并且有水直接参加反应的条件下才能将空气中的 CO_2 转化成糖类物质。可以说，是水和太阳将众多的无机物转化成生命，赋予了它们灵魂！

中国首个模拟火星基地建在青海省海西州，是覆盖航天、天文、地理、地质、气象、新能源等领域的一体化科学实践教育基地

活力四射的小“蝌蚪”

水分子很小。1滴水（约0.05毫升）中大约有1.67×10^{21}个水分子，若将这些分子一个个排列起来，其长度可以绕地球赤道16000多圈。

水分子极富活力。每个水分子都是由2个氢原子和1个氧原子构成。从外形上看，水分子有点像表情夸张的小蝌蚪，那圆乎乎的脑袋和身子就是氧原子，快要瞪出的两粒眼珠子就是氢原子，如果你有心收集它们灵动的游姿和初涉蛙世的萌态，那表情包绝对可爱至极。

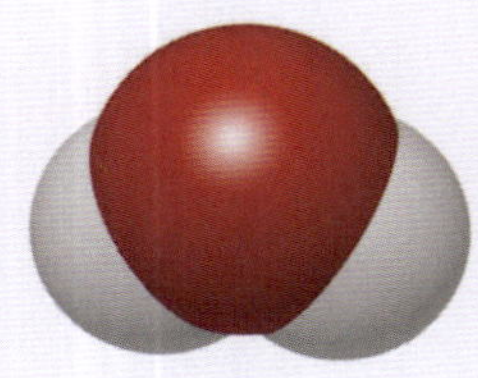

水分子的比例模型（即按水分子中氢原子和氧原子的大小比例制作的模型）

在水分子中，氧原子核对电子的吸引力远超过氢原子，带负电荷的电子都喜欢聚在氧原子那边，可怜两个带正电荷的氢原子核在一旁备受冷落，这就导致水分子内氧原子一方带部分负电荷、氢原子一方带部分正电荷，使水分子成为一种极性分子。

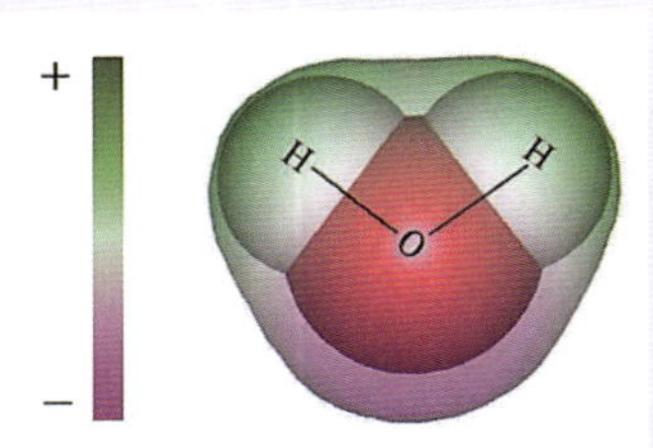

水分子中的正负电荷分布示意图

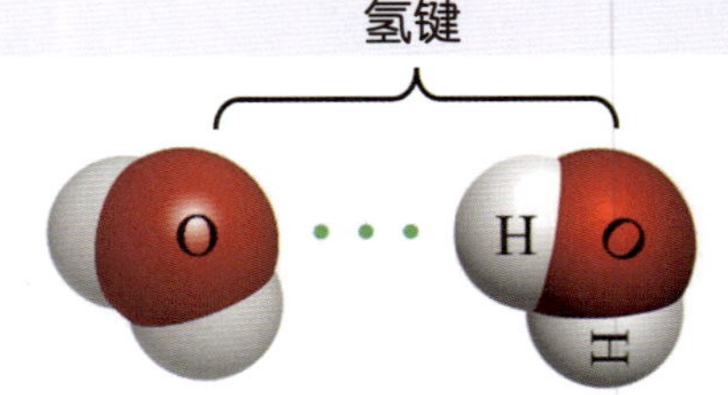

水分子间形成的氢键

此刻，遭遇冷落的氢原子并没有闲着，一对眼珠子滴溜溜地在周围搜寻着……

哇，找着了！看上去并不费力，那是相邻水分子中的氧原子，它们彼此靠拢，异性相吸是一种本能。由相邻分子中的氧原子通过氢原子形成一种特殊的相互作用，这种作用叫作氢键。氢键的形成大大增强了水分子间的联盟，冰坚如铁，就是因为氢键的存在。但在液态水中，因为分子的热运动，氢键并不固定在两个或多个水分子之间，而是随着水分子能量的瞬息万变也在频繁地发生转移。液态水的表面张力超过绝大多数液态物质，就与此有关。

“雪龙”号极地考察船在去往中山站的途中遇到冰山，图中冰山一侧已经消融发生倾斜

氢键的力量之神奇更多地表现在生命的形成和繁衍之中。假如水分子间氢键瞬间消失，那么海洋将很快滴水不剩，因为没有氢键的水在 –65℃时就会沸腾汽化；所有植物都将干枯；我们的皮肤将很快干裂，不会有血流出，因为血液已经成为粉末。整个世界将不再有生机！

因此，氢键是维系美好世界的力量源泉！

冰山为什么会漂浮在海里？

正值南极的夏季，冰山加速消融，呈现出圆形的镂空

绝大多数物质都具有热胀冷缩的共性，水是一个例外，常压下 4℃时水的密度最大。当液态水结成冰时，体积大约增大 10%，所以冰比水的密度小。海面上露出“冰山一角”往往潜伏着巨大危机，因为它的大部分藏在水下。

1912 年泰坦尼克号邮轮的悲剧，除了人为因素外，直接原因就是那座浮游在海水中的冰山。

在冰晶中，每个水分子与相邻的四个水分子以氢键结合，不能自由移动，在整体上形成了一个空间网状结构，使水分子间的平均距离增大，导致冰比水密度小，这就是冰会漂浮在海面的本质原因。

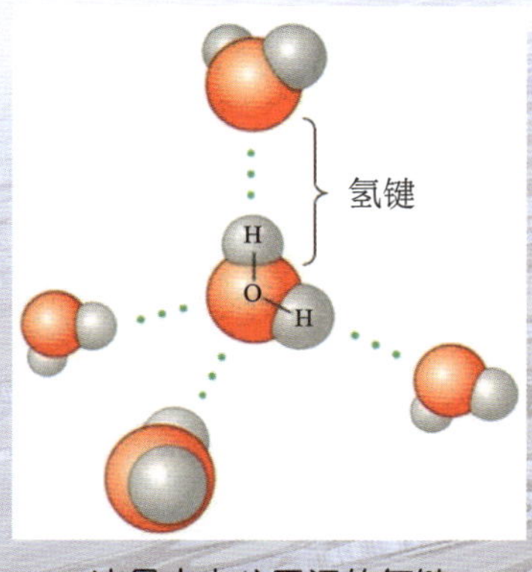

冰晶中水分子间的氢键

水是天然的恒温剂

地球上大部分地区的年度温差能够控制在40℃左右，进而保障地球生物的生存和繁衍，水功不可没。因为江河湖海就是巨大的恒温器，占据了超出2/3的地球表面积；而水的热容量又超出了地壳中所有的矿物质以及各种常见的液态物质。

衡量物质热容量大小有一个标准，那就是比热。单位质量某物质改变单位温度时吸收或放出的热量，就叫作该物质的比热。

不同物质的比热不同。比热值越大，表明单位质量的对应物质吸热或放热能力越强。

对水来说，升温所吸收的热量除了增强水分子的热运动之外，还要断开一部分水分子间的氢键，这需要吸收更多的热量。所以水能减缓气温的升高。

反之，当气温下降时，水分子的热运动减弱，会促使一部分水分子间形成氢键，这是一个放热过程，从而又在一定程度上抑制了气温的降低。

由此可见，水分子间的氢键不仅仅影响到水的聚集状态和密度，还涉及水在状态改变时相伴随的能量变化。事实上，物质的聚集状态、组成结构、能量变化是化学研究中常常讨论的三个方面。这样才能知道，物质在什么条件下发生的是物理变化，什么条件下发生的是化学变化，以及物质的改变量与能量变化的关系。

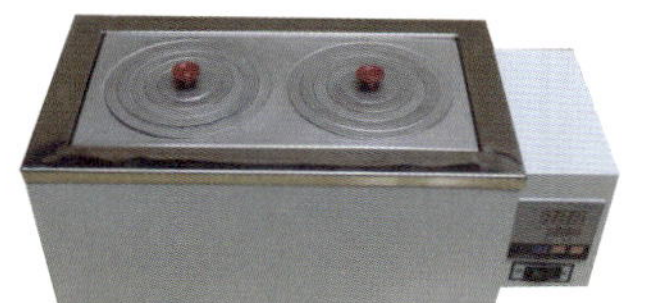
恒温水浴装置

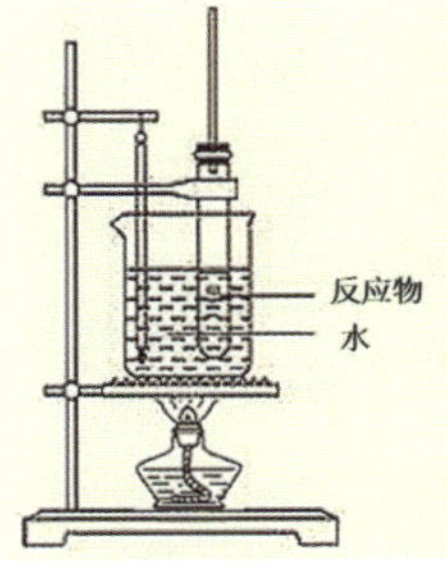

水浴

在化学上，为了探究温度对化学反应速率的影响，或是测定某物质在指定温度下在水中的溶解度，常常用到一种加热的方法——水浴。

如左图所示，烧杯中的水是用来加热试管中的反应物，而水温可以通过酒精灯来调节。这样，既可保障反应物均匀受热，又可方便地控制反应温度。假如，用酒精灯直接给试管加热，那么反应温度变化的随机性就太大。

同理，也可以在水浴中得到某物质在指定温度下的饱和溶液，然后再依据所得饱和溶液中水和溶质的质量来确定其在该温度下的溶解度。

比如：使1千克钢铁升高1℃所需吸收的热量，只能使1千克空气大约升高0.44℃，或使1千克植物油大约升高0.23℃，而1千克水大约只能升高0.11℃。

据媒体报道，有游客于2017年1月在美国南达科他州的野生动物保护区拍摄到一组“空中冻鱼”的奇观，看上去是鱼从湖面跃起的瞬间被冻成了冰雕。冻鱼的高度约有1米高。

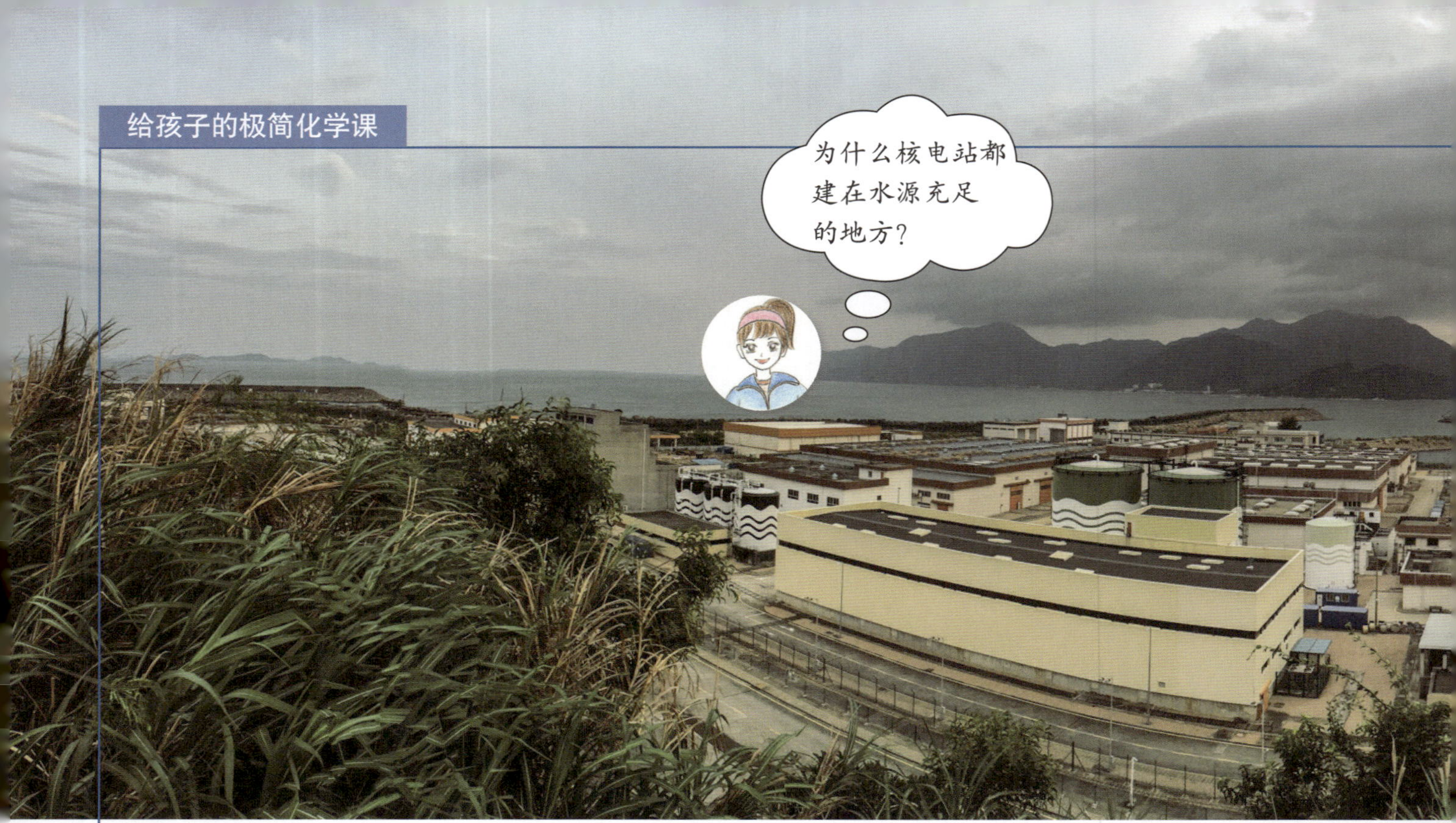

和平利用核能的使者

目前核电站用于发电的核能与原子弹爆炸释放的核能都是源自铀原子的核裂变。

太恐怖了！核电站会像原子弹那样发生爆炸吗？

不会。核电站用的核燃料含铀量不过3%，而原子弹中的核燃料含铀量高达90%以上。这就像啤酒无法点着，酒精却能点燃一样。

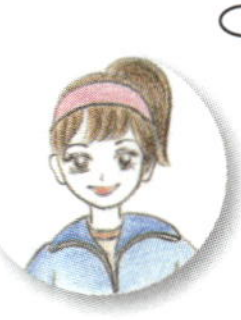

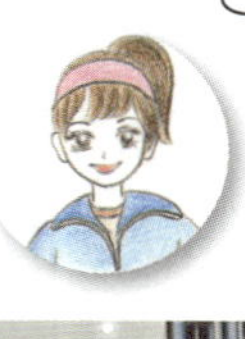

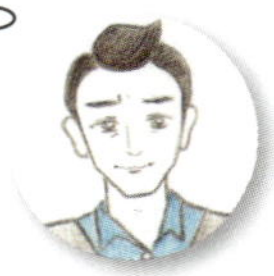

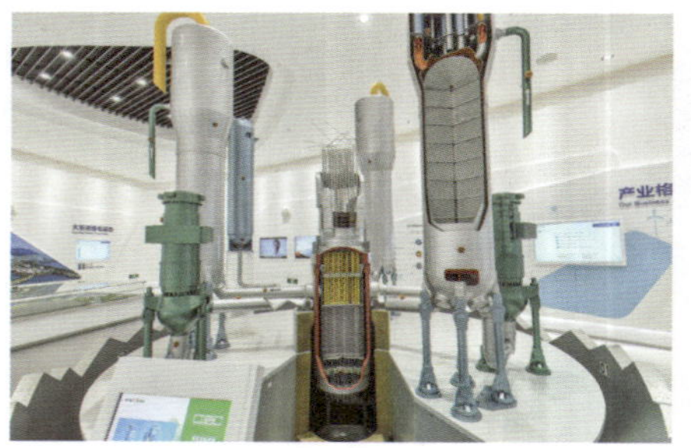

展厅内的大亚湾核反应堆三重安全屏障

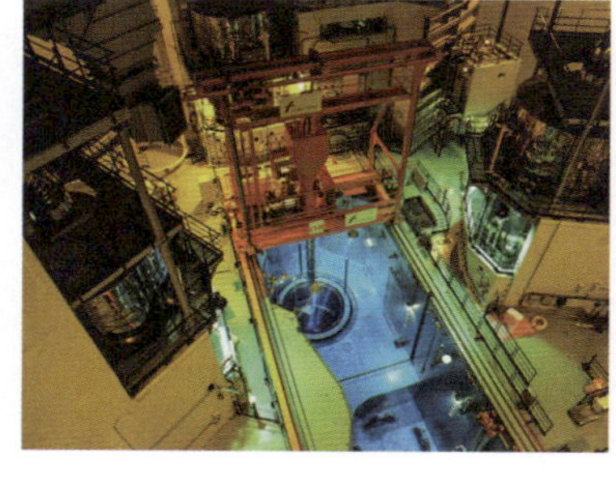

大亚湾核电站核岛内部的景象

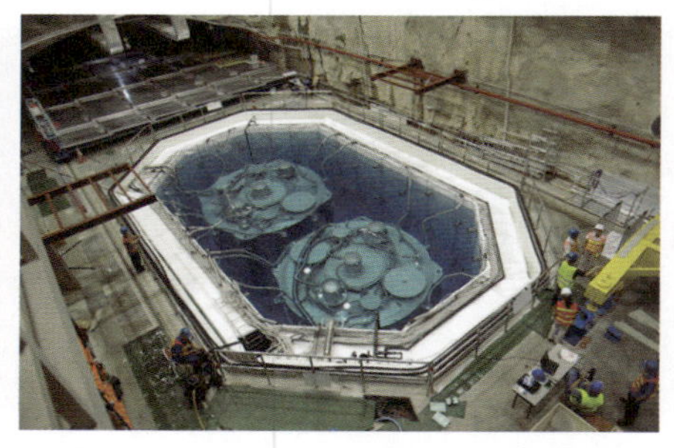

大亚湾核电站安装就位的两个中微子探测器

大亚湾核电基地

水在核能转化为电能过程中的三个重要作用：中子慢化剂、冷却剂、做功发电

水是核能转化成电能的中介

在核反应的温度下，水的体积可增大2000倍以上。核电站正是通过核裂变产生的热使水汽化做膨胀功，让汽轮机转动起来，带动发电机产生电能。

在核能转化为电能的过程中除了核燃料、控制棒之外，还有大量的水。

铀核受中子轰击，碎裂成较小的原子核和更多的新生代中子，这些中子又引发更多的铀核裂变。可是，核裂变产生的中子速度很快，发生反应的机会很小。

能使中子速度减慢的材料有石墨、金属铍、水。其中，轻水最容易得到，最便宜，也最好操作。

水为天然气特制的冰质囚笼

“蓝鲸”1号是目前全球最先进的海上半潜式钻井平台，长117米，宽度也有近百米，高度相当于37层楼。2017年5月18日，“蓝鲸”1号圆满完成了我国首次海域天然气水合物（可燃冰）试采的任务

可燃冰，又叫天然气水合物。存在于深海或内陆的永久冻土层中，由天然气（主要成分是CH_4）与水在低温高压条件下形成的冰状物。在微观结构上，更像是CH_4分子被囚禁在由众多水分子特制的冰质笼子里。

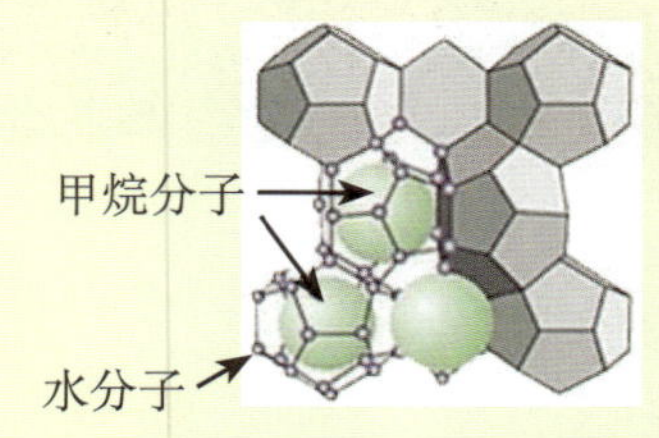

甲烷分子被囚禁在冰笼里

我国南海和青藏高原的可燃冰资源丰富，是极具潜力的未来能源。

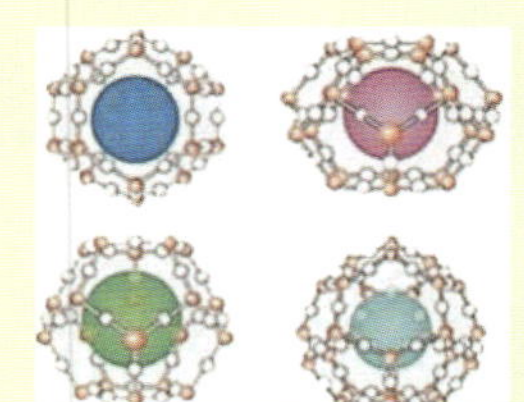
水分子构建的冰笼多种多样

2017年5～7月，我国在南海神狐海域首次试采天然气水合物获得圆满成功，创造了连续产气时长和总量的世界纪录。2020年，天然气水合物第二轮试采取得成功，并创造了产气总量86.14万立方米，日均产气量2.87万立方米两项新的世界纪录。

“蓝鲸”1号钻探平台

利用太阳能分解水制氢

太阳能取之不尽，水价廉易得，氢气是可再生的清洁能源。因此，利用太阳能分解水制氢是一种获取新能源的理想思路。目前，有多种技术途径可实现分解水制氢。

光伏电站

太阳能转化为电能

太阳能聚光器

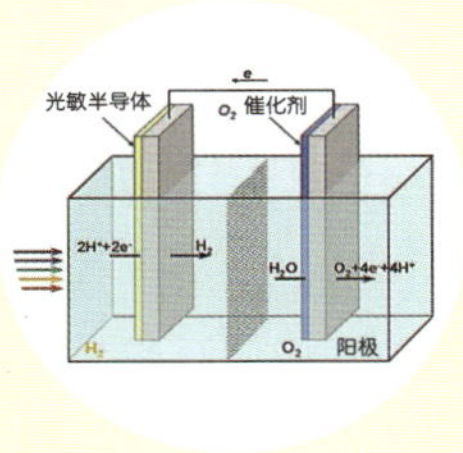

电解水制氢

水分子很稳定，即便温度达到2000 ℃也只有0.6%的H_2O分解成H_2和O_2。但在催化剂作用下，利用太阳能聚光器加热水，可在727℃以下制得氢气。

——热化学循环法制氢

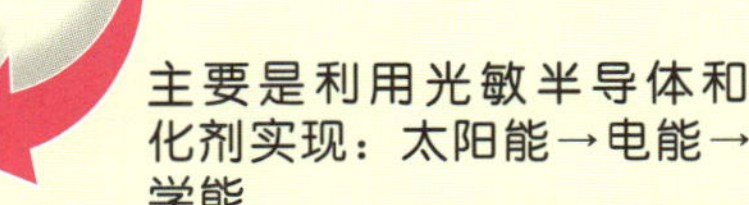

主要是利用光敏半导体和催化剂实现：太阳能→电能→化学能。

——人工光合作用制氢原理

能改变其他物质的化学反应速率，自身的质量和化学性质保持不变的物质，叫作**催化剂**。

大多催化剂的作用，就是为化学反应“翻山”开通一条隧道，使本来很难进行的反应变得容易了。

想一想

太阳能既可以直接利用，也可以转化成电能或热能使用。

我们为什么要绕个大弯子，让太阳能转化成电能，再用电能电解水制氢气，然后再以氢气作能源来使用呢？

你能说出其中缘由吗？

什么是溶液

广义上讲，由两种或两种以上的物质组成的均一稳定的混合物，就叫作溶液。

所以溶液并非只有液态，也可以是气态或固态。例如，洁净的空气就是由氮气、氧气等形成的气态溶液；而黄铜中的锌(Zn)均匀地分散在铜中，就属于固态溶液。

我们通常讨论和使用较多的是液态溶液，例如葡萄酒、氯化钠注射液、盐酸(HCl)等。

溶液在组成上可以分为溶质和溶剂两大组分。通常将其中含量较多的一种液体叫作溶剂，其他的物质就是被溶解的溶质。

若溶液中含水，都习惯将其中的水称作溶剂。这可以看作是人类给予水的一种特殊荣耀，因为无论是自然界还是人类开发，没有谁在溶液中发挥的作用超过水。例如，98.3%的浓硫酸，尽管其中水只有1.7%，但仍以水作溶剂，硫酸为溶质。

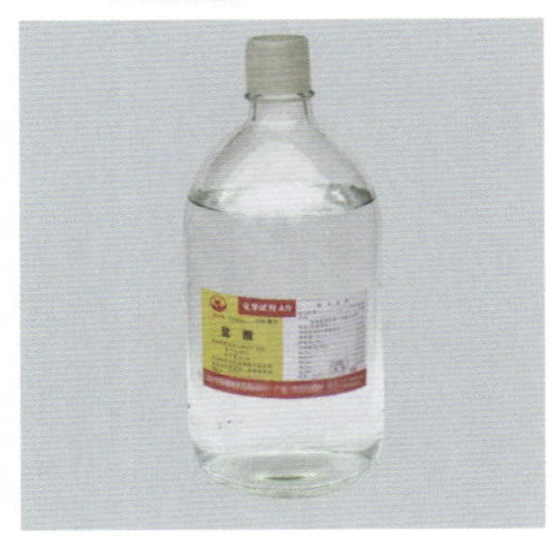

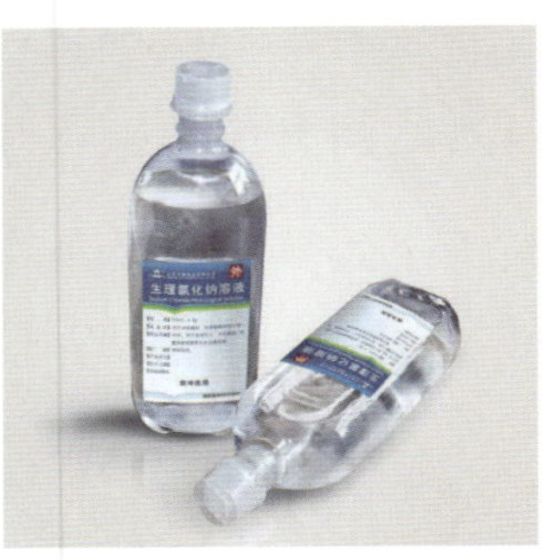

溶液名称	溶质	溶剂
盐酸	氯化氢	水
碘酊（碘酒）	碘、碘化钾	乙醇
氯化钠注射液	氯化钠	水
红葡萄酒	乙醇、糖、多种氨基酸、矿物质等	水

盐的故事

我们在生活中常说的盐就是食盐，主要来自海水或者是曾经的海洋。

最初的海水并不咸，是千万条山涧溪流、江河湖泊带着陆地上的各种物质去找大海，可最终陪伴水投奔大海的物质中，最多的还是氯化钠（食盐的主要成分），海水就这样渐渐变咸了。历经亿万年的变迁，氯化钠已经与水有了不解之缘。

在潮起潮落之间，总有些贪玩的盐娃子落在了海岸边，就是那片白得刺眼的晶状小颗粒。

尽管 NaCl 晶体中含有大量带正电荷的 Na^+ 和带负电荷的 Cl^-，但并不导电。因为 Na^+ 与 Cl^- 彼此依恋，有着强烈的相互作用，不能自由移动！

物质导电实际是自由电荷做定向移动的过程。所以，若想导电，先得让 Na^+ 与 Cl^- 放弃彼此的束缚。加热，可以使 NaCl 熔化，让它们自由活动起来，但至少要达到 801℃，这需要耗费大量的热能。

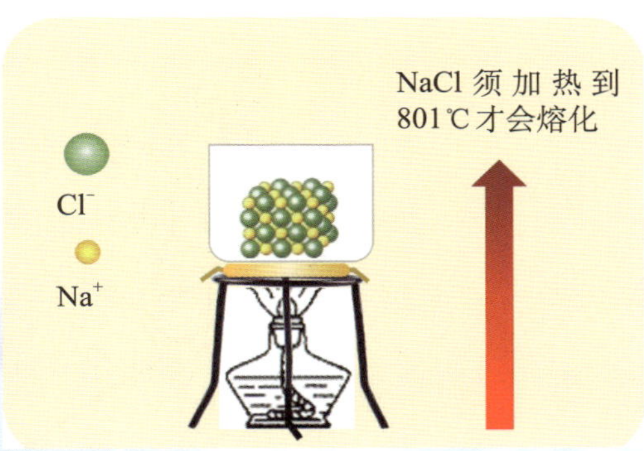

可水不同，只需在常温下，就能让 NaCl 晶体分崩离析，而且是悄无声息！因为 NaCl 对水实在太迷恋了。这样得到的 NaCl 溶液不仅能够导电，还能用于在工业上生产 H_2、Cl_2、NaOH 和 HCl。

NaCl 晶体溶于水的过程

进入水中世界的 NaCl 晶体

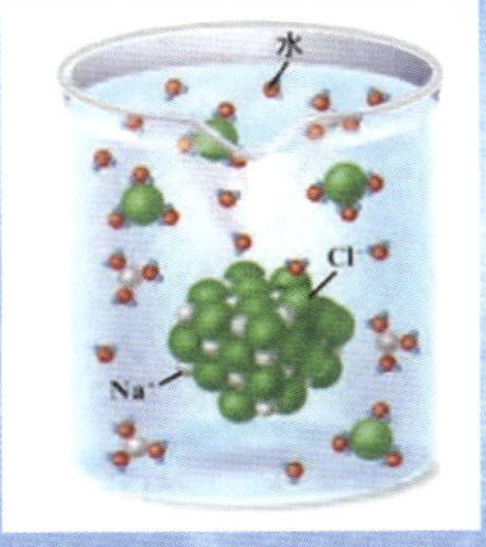

正在水中扩散的 NaCl

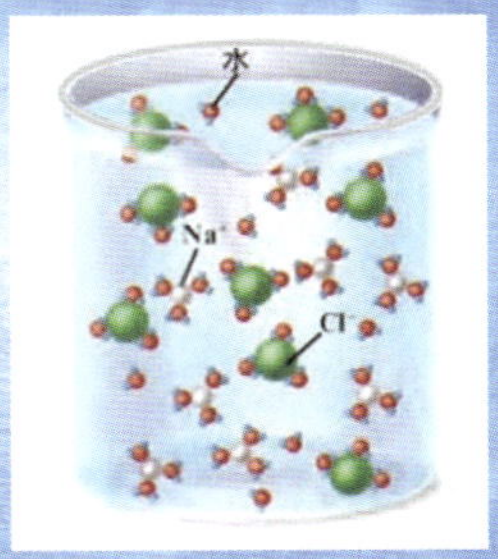

已经均匀分散在水中的 Na^+ 和 Cl^-

水的溶解能力为什么"牛"

在日常的生活、学习和工作中，常见的绝大多数饮料、各种药液和化工制剂，甚至我们的血液都是以水为溶剂，而江河湖海更是溶有大量的各类物质。所以说，水是应用最广泛的溶剂。

为什么水的溶解能力这么"牛"？主要有三方面原因。

首先，水是常见液体中分子最小的物质，具有良好的流动性，哪怕是入地千尺，也能钻进岩石缝的结构微粒之间，将它们分化瓦解，形成各种溶液。那些深藏在中草药里的有效成分也大多是被水分子这样提取出来的。

第二，水分子有极性。许多由阴、阳离子构成的物质，如食盐、纯碱（Na_2CO_3）、苛性钾（KOH）等，以及由极性分子构成的物质，如醋酸（CH_3COOH）、乙醇（CH_3CH_2OH）、氨等，都与水有亲缘关系，能形成多种水合分子、水合离子，因为它们"相似相溶"。甚至某些非极性分子构成的物质（如 CO_2、Cl_2 等）也会在水分子的极性诱惑下被溶解。

相似相溶规则：
分子极性、分子大小、分子结构相似的物质相互容易溶解。

第三，水分子能与许多物质所含的离子或分子形成比较稳定的胶体粒子，增强了它们与水分子间的相溶性。例如，淀粉胶体、蛋白质胶体等。

取一个小玻璃杯，加入约 50 毫升蒸馏水（或洁净的凉开水），接着加一小勺食盐，搅拌，待其完全溶解后，再加入一小勺食盐，搅拌……直至加入的盐的溶解量在几分钟内不再改变。这时得到的就是该温度下氯化钠的饱和溶液。

向上面的水杯中再加入 10 毫升水，搅拌，结果剩余的氯化钠晶体又溶解了。这说明加水后，原来的饱和溶液变成了不饱和溶液。如果升高溶液的温度，也可以达到类似的效果。所以饱和溶液不是一成不变，而是会因温度、溶剂的量的改变而改变。

> 在一定温度下，向一定量的溶剂里加入某物质，直至其溶解量不能再增加时，所得到的溶液就是该物质的**饱和溶液**。

它们真的不溶于水吗

大自然实在太美妙，既创造了神奇的水，又同时创造了自立于水之外的千姿百态的山石万物。

假如，此刻有人说：其实那些石头之类的物质也是能溶于水的。你信吗?

估计难有人信。但有一个现象你肯定见过：烧开水前，灌在热水壶里的自来水明明是清澈透明、没有浑浊物的，可烧出来的开水在热水瓶里待一段时间后，就有水垢了。这水垢是哪来的?

就是原来溶在水里的石头“变”出来的!

大理石的主要成分是碳酸钙（$CaCO_3$），如果在室温下用水直接来溶解，最终每 100 克水中含 Ca^{2+} 可以有多少呢?

不少于 5000 万亿个！是全世界人口的数十万倍，只是质量小了点，不足千分之一克。

再说一个有趣的故事：第一次世界大战期间，德国化学家哈伯曾试图从海水里提取黄金，因为有可靠数据显示，海水里的黄金总储量高达上百万吨！但最终因海水中黄金浓度太低导致技术上无法实现，只得空手而归。

可见，要说有物质在水中不溶，那是相对的；溶，才是绝对的。

为了避免无谓的争议，科学上对固体物质在水中的溶解性有个定量范围的界定，如下表所示。

固体物质在水中的溶解性	溶解量（克／每 100 克水）
易溶	＞ 10
可溶	1 ～ 10
微溶	0.01 ～ 1
难溶	＜ 0.01

依此界定，室温下的 $CaCO_3$ 属于难溶于水，石膏（$CaSO_4·2H_2O$）属于微溶于水，而 NaCl 则属于易溶于水。

溶解度：物质在溶剂中溶解的限度

生活经验告诉我们：尽管盐或糖都易溶于水，但在一定量的水中所能溶解的量都是有限的，并且在不同温度下的溶解量也有变化。

科研和生产常常需要精确的定量分析，需要了解各类物质在指定溶剂中形成饱和溶液时所能溶解的最大限度，于是就引入了“溶解度”。

一定温度下，通常固体或液体的溶解度以 100 克溶剂中溶解物质的最大克数表示；

溶解度的符号为 S。若没有说明溶剂是什么，就默认溶剂为水。

例如，20℃时，32.0 克硫酸铜晶体（$CuSO_4 \cdot 5H_2O$）溶于 100 克水可形成饱和溶液，故硫酸铜晶体在 20℃时的溶解度就是 32.0 克。

气体的溶解度也可用单位体积溶剂中所溶解气体的体积数来表示。如 20℃时，1 体积水可溶解标准状况下的 700 体积氨形成饱和溶液。这就是氨在 20℃时的溶解度。

部分无机化合物在水中的溶解度（S/g）

温度（℃）	10	20	40	60
KCl	31.0	34.0	40.0	45.5
NaCl	35.8	36.0	36.6	37.3
NH_4Cl	33.3	37.2	45.8	55.2
KNO_3	20.9	31.6	63.9	110
$NaNO_3$	80.8	87.6	102	122
$NaHCO_3$	8.10	9.60	12.7	16.0
$Ca(OH)_2$	0.182	0.173	0.141	0.121

通过上表数据，我们不仅可以了解指定物质在相应温度下的溶解度，还可以比较不同物质在同一温度下的溶解度大小，分析它们的溶解度随温度变化的趋势。

例如，10℃时，NaCl 比硝酸钾（KNO_3）的溶解度大 14.9 克；可到了 60 ℃时，KNO_3 反而比 NaCl 的溶解度大 72.7 克。反映出 NaCl 的溶解度受温度变化的影响小，而 KNO_3 的溶解度受温度变化的影响较大。

大多数固体或液体物质的溶解度是随着温度升高而增大的，因为加热会加剧物质的热运动，促进分子的自由扩散。但温度升高，又能削弱水分子对被溶解物质的作用，不利于物质溶解度的增大。因此，有少数物质的溶解度会随着温度的升高而减小，例如氢氧化钙[$Ca(OH)_2$]。

也有物质能与水以任意比混溶。这些物质都是由较小的极性分子组成，在结构上与水分子有较大的相似性。例如，过氧化氢（H_2O_2）、乙醇、硫酸等物质。下面就是这些分子的球棍模型，虚线圈定的部分就是它们在分子结构上与水分子的相似之处。

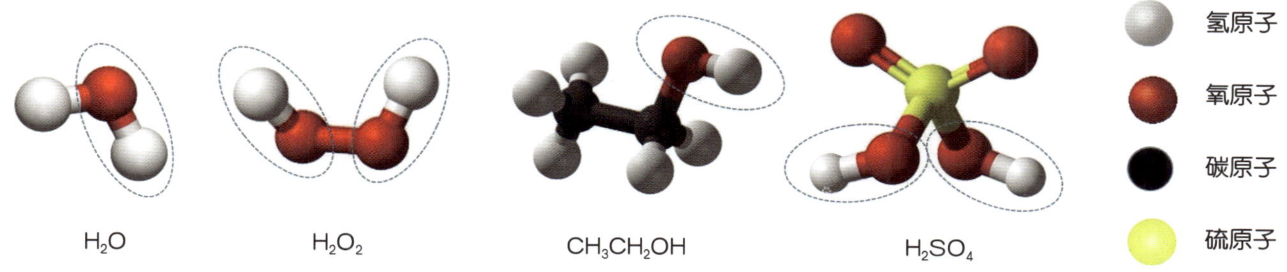

任何物质变化的影响因素都可能来自多方面，所以当我们想了解它们时，就需要从不同角度去分析。

溶解度曲线 运用规律解决问题的一种方法

我们有办法准确测定硝酸钠（$NaNO_3$）在水溶液中每相隔1℃的溶解度。但面对数以万计的各类物质，要以如此精度测出它们在不同温度下的溶解度将是一个异常烦琐的工程。关键是这样做并没有必要。

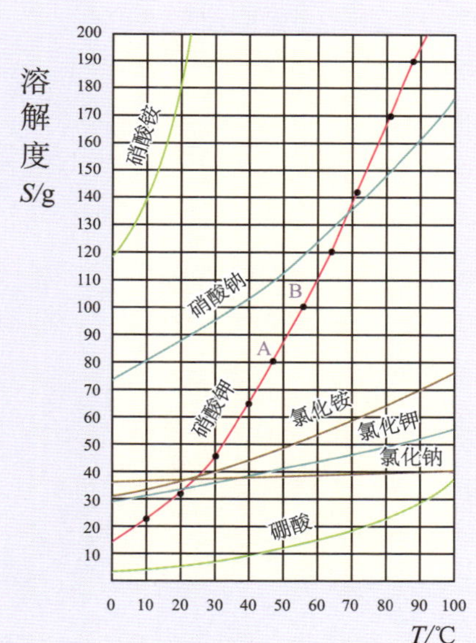

物质的变化大多是有规律可循的，掌握了规律，解决问题就能有事半功倍的效果。比如，我们可以通过实验测得KNO_3每隔一定温度（约10℃）下的溶解度，然后以温度（T）作横坐标、以溶解度（S）作纵坐标，建立一个坐标系（如右图所示），在坐标图中将所测实验数据标出来，再连接成一条曲线，就得到了KNO_3在不同温度下的溶解度曲线。

我们有理由相信，如果所测A、B两点前后的溶解度变化趋势是相似的，那么KNO_3在A、B之间任一温度的溶解度就应该在它们之间的连线上；反之，A、B之间（含A、B）的曲线上就应该存在一个拐点。

结晶：自由的一种归宿

结晶是物质所含分子或离子的一种特殊存在形态，由液体中无规则的自由运动转化成按一定几何规则有序排列的晶体。

这是一个奇妙的过程，那些自由的微粒间实际上存在着我们看不见的相互作用，能够在特定的环境下引导着众多的微粒有序而准确地找到各自的定位。

世上没有绝对的自由，即便是运动在空气中的分子。数千千米高的大气层，其质量的99.9%集中在距地面55千米的范围内，为什么呢？地心引力的作用！当然，也存在着分子间的作用力。隆冬，那漫天的飞雪，就是水分子在高空的结晶。

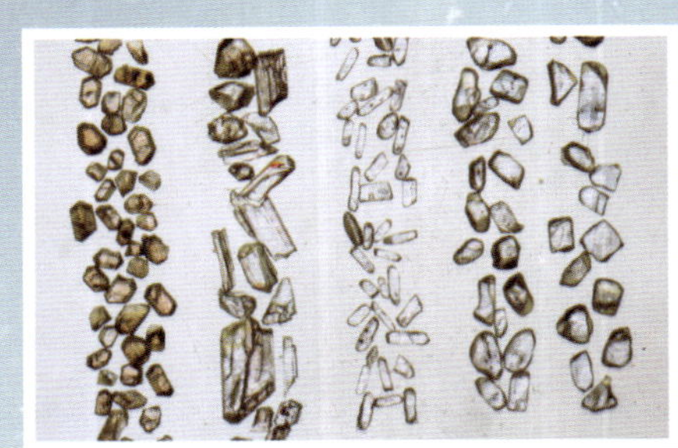

锆石矿物颗粒结晶

罗布泊盐湖岸边结晶的“盐花”

芒硝的结晶体“硝凇”

自由与规则没有矛盾

那些自由运动在水溶液中的各种分子、离子，似乎有着无穷的活力，彼此间的冲撞和吸引一刻也没有消停。任何一种分子或离子都含有带电微粒（如电子、原子核），异性相吸是物质的本能，因此，结晶也成为这些分子或离子自由选择的一种归宿。

氯化钠晶体

为什么我们很少见到外形规则的 NaCl 大晶体？

这与我们使 NaCl 结晶时的操作有关。如果想要得到较大的比较完美的 NaCl 晶体，就要严格地控制温度和浓度的缓慢变化，给溶液中那些 Na^+、Cl^- 充分的自然选择时间。这样，即便有少数离子任性地杂乱堆积在晶体表面，周围的水分子和离子也有机会对其进行自然调整，一颗规则的凸显自然之美的 NaCl 大晶体就是这样形成的。急于求成的结果往往是欲速不达。

蔗糖从哪儿来

蔗糖（$C_{12}H_{22}O_{11}$）原本就出生于水溶液，源自甘蔗汁或甜菜汁等。

农民将收割的甘蔗经过榨汁、熬糖，就得到红糖；再经过提纯、脱色处理，就制得白砂糖；将砂糖重结晶，又可制得较大的结晶体——冰糖。

将晶体完全溶于水配成饱和溶液，改变温度或溶剂的量，使其再次从溶液中结晶析出的过程，就叫作重结晶，也叫再结晶。

重结晶的目的主要是为了提纯或者是制大晶体。

将甘蔗汁熬糖就是一个结晶的过程。将红糖再配成热的饱和溶液，其中的蔗糖分子及各类杂质又都进入到溶液中，于是有了一次自由重组的机会。通过脱色、蒸发浓缩、结晶、过滤，原来所含杂质被留在了母液中，从而得到了纯度较高的白砂糖。如果结晶的温度、速率控制得当，得到的就是冰糖。

为什么物质溶解时有的发热、有的变凉

【实验】

室温（约20℃）条件下，取两支试管，其中一支装有1.0克苛性钾固体，另一支装有1.0克硝酸钾晶体。然后分别注入5毫升蒸馏水，充分振荡。

为便于做对照分析，上述实验所选物质有一定的相似度，都是含有钾离子（K^+）的化合物，都易溶于水，并尽可能使两个实验在相同条件下完成。

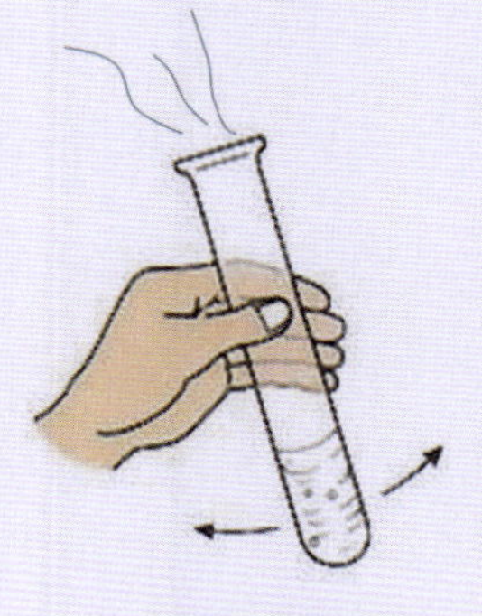

KOH 溶于水

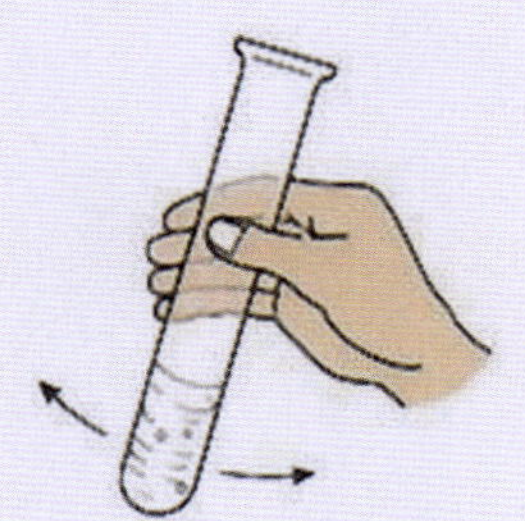

KNO_3 溶于水

【现象】

① KOH 溶解较快，KNO_3 溶解较慢，振荡后全部溶解。

② 溶解 KOH 的试管壁有发热烫手的感觉；溶解 KNO_3 的试管壁有降温变得冰凉的感觉。

显然，KOH 溶于水时温度升高，是一个放热过程；而 KNO_3 溶于水时温度降低，是一个吸热过程。

导致上述实验中溶液温度变化的原因是什么？

实际上，KOH 和 KNO_3 在水中溶解都包含着三个方面的影响因素：

① 溶质向水中扩散，要克服所含阴、阳离子间的引力，需要吸热；

② 水分子作用于溶质并形成水合离子，需要放热；

③ 分散在水中的溶质微粒会减少水分子间重新形成氢键的机会，需要吸热。

从实验现象来看，KOH 溶于水时温度升高，表明其扩散过程所吸收的热量低于形成水合离子放出的热量；而 KNO_3 溶于水时温度降低，表明其扩散过程所吸收的热量大于形成水合离子所放出的热量。

水也有硬度吗

水向来以柔著称，怎么会有硬度？

我可是硬在骨子里，我的硬度是以水中钙离子和镁离子的浓度决定的。

要知道，石灰溶洞里的钟乳石就是靠咱水中的钙离子长成的哟！

生活中，我们常见热水器、水壶中结有水垢，就是因为水中存在较多的钙离子（Ca^{2+}）和镁离子（Mg^{2+}）。而含这两种离子浓度较高的水，就叫作硬水。

当水壶中水垢沉积较多时，不仅加热慢、耗电多，还影响到水的品质。对工业生产而言，硬水不仅会影响产品质量，甚至可能引发安全事故（如锅炉爆炸）。

水的硬度指标

通常将1L水所含Ca^{2+}和Mg^{2+}总量折合成氧化钙（CaO）的质量，相当于10毫克CaO的硬度称为1度（用1°表示）。

硬度≤8°的称为软水；大于8°的称为硬水。硬度大于30°的是最硬水。国家规定生活饮用水的硬度不得超过25°。

海水的硬度约为358°，远超过最硬水的基准指标。所以，没有经过淡化处理的海水是不能饮用的。

海水中的主要元素含量

元素	含量（mg/L）
O	8.57×10^{5}
H	1.08×10^{5}
Cl	1.94×10^{4}
Na	1.08×10^{4}
Mg	1.29×10^{3}
S	9.05×10^{2}
Ca	4.12×10^{2}
K	3.99×10^{2}

纯净水、蒸馏水、太空水、矿泉水有何差异?

纯净水、蒸馏水、太空水在组成成分上没有本质区别，都属于高纯度的水，除去了杂质、病菌并符合国家饮用水卫生标准。不同点主要表现在加工方式上，如采用去离子法或离子交换法、蒸馏法、反渗透法等不同方法制得。

矿泉水是从地下深处自然涌出或者是经人工开发、未受污染的地下水，含有符合国家标准限定的微量矿物质。其作用仍是满足人体对饮用水的需求，在营养价值上不宜有过高的期待。

烛火探秘

蜡烛是古人最早的发明物之一，这可从埃及和克里特岛所发现的至少公元前 3000 年前的蜡架得到确证。中世纪时，欧洲已广泛使用牛脂制蜡烛。在一张巴黎的 1292 年度税表中，列有 71 个蜡烛商或蜡烛制造者的名字。

19 世纪时，法国化学家谢夫勒尔曾从动物脂肪中分离脂肪酸以制取硬脂酸（$C_{18}H_{36}O_2$），而硬脂酸可用来制成优质蜡烛。制取蜡烛原料的新工艺取得了迅速成功。除硬脂酸外，还发现了另外两种制蜡原料：从抹香鲸头腔取得的鲸蜡，以及从石油中得到的粗石蜡。

蜡烛是什么做的

对于蜡烛，人们赋予了太多的情感和希冀。无论古今中外，无论是生日、婚庆还是祭祀，其他的物件可变，唯蜡烛不变。这也许是因为黑暗总蒙有几分诡秘，而蜡烛在黑暗中散发的热和光总能给人带来安全感和希望。

常见的蜡烛是插有一根棉线烛芯的石蜡，呈圆柱体。

石蜡 石油的分馏产品，白色固体。主要成分是多种烃（注：烃的读音 tīng，是碳、氢两种元素组成的化合物）类物质组成的混合物。

石蜡

水晶蜡 一种观赏性蜡烛原料，无色透明，形如果冻，故又称果冻蜡。其主要成分是由石油分馏出的液状石蜡和人工合成的热塑性丁苯橡胶混合而成。

水晶蜡

烛芯 通常用棉线制成，在蜡烛燃烧时起引燃和导流作用。因为石蜡不能直接被点燃，只能借助烛芯的燃烧使周围的石蜡熔化并汽化后才能燃烧。

蜡烛 DIY

自制蜡烛的基本步骤：熔蜡 ⟶ 调色调香 ⟶ 准备烛芯 ⟶ 成型。

熔蜡 可用干燥的废易拉罐代替烧瓶作熔蜡的容器，加入石蜡块（大蜡块，可用加热后的小刀切割，比较省力），在酒精灯或在煤气灶上加热，观察到石蜡完全熔化，片刻后即可停止加热，这时温度接近 80℃。移离热源，以免后续操作不慎，出现泼洒，难于清理。

调色调香 可用彩色蜡笔代替色粉，用小刀刮下少许，加入熔化的蜡液中；也可根据个人喜好，再滴入几滴香精，用玻璃棒或长竹签搅拌均匀即可。操作时最好戴橡胶手套，以免烫伤。

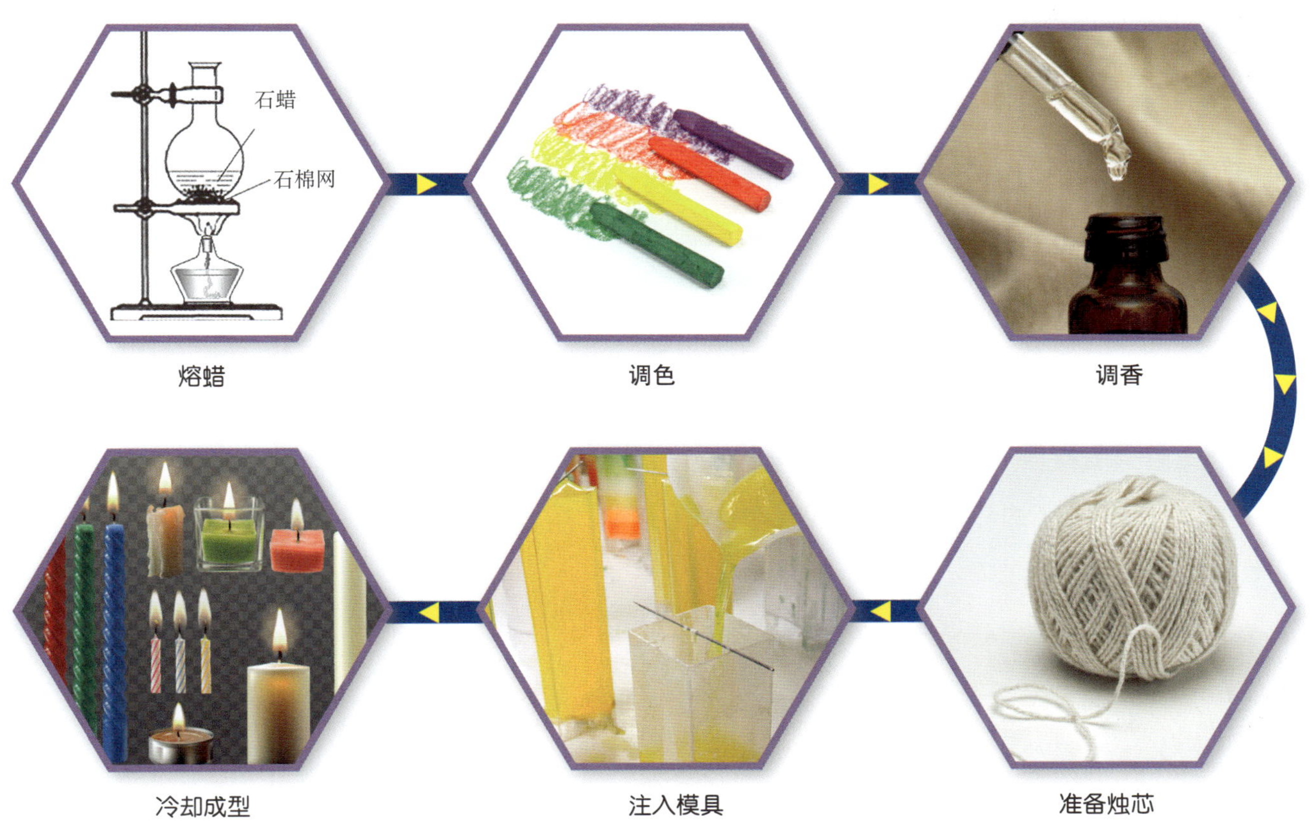

熔蜡　调色　调香

冷却成型　注入模具　准备烛芯

准备烛芯 将用作烛芯的棉线浸润熔化的石蜡，片刻冷却，就变硬了。

成型 将上面熔化的蜡液注入模具中，再插入烛芯，冷却后即成型。

为便于脱模，可预先在模具内壁涂少许液状石蜡。

若是做水晶烛，则蜡液也可注入玻璃瓶或玻璃杯中，再加点装饰，更具观赏性。

蜡烛与酒精的 PK

相同质量的石蜡与乙醇（酒精的主要成分）完全燃烧时，石蜡燃烧放出的热量约为乙醇的 1.5 倍。但实验中，通常使用酒精灯或酒精喷灯作为高温热源而不是用蜡烛。为什么？

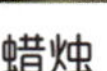
蜡烛

酒精灯

因为石蜡为固体，分子较大，受热熔化、汽化时都需要吸收较多热量，又与空气接触不充分，燃烧不完全，所以实际放出的热量低于理论值；并且石蜡因不完全燃烧产生的黑烟覆盖在被加热物体上也会降低加热效果。而乙醇易汽化，与空气接触充分，能迅速地完全燃烧，在单位时间里放出的热量多，所以实验中通常用酒精灯而不是蜡烛。

蜡烛可用于照明，酒精灯不能用于照明，是因为蜡烛火焰温度更高吗？

不是。燃料燃烧时温度高低与能否用于照明没有相关性。温度高低是由物质燃烧时，在单位时间和单位空间内放出的热量来决定的，表现在物质分子的热运动方面。而能否用于照明取决于物质燃烧时是否产生足够强的被人眼感受到的光（由光的波长和强度决定），而不是热。

就像电灯适合照明，却不能用来烧开水；而电炉可用来烧开水，却不能用来照明一样。

从理论上讲，石蜡和乙醇完全燃烧的产物都是 CO_2 和 H_2O，但实际燃烧过程有较大差异。乙醇几乎是完全燃烧。石蜡却不然，燃烧过程中产生了较多细小的炭颗粒，这些炭颗粒经火焰灼烧会发出黄色的光，而这种光的波长和强度正好是能够被人眼敏感地捕捉到，所以蜡烛能够用于照明。

在子弹击中蜡烛火焰的瞬间

下面是源自一个实验视频的四幅截图，它们正讲述着一个故事……

图 1：在子弹飞向蜡烛火焰的时候

蜡烛在安静地燃烧，火焰竖直，显然是个无风的环境。烛芯似乎没有意识到近在咫尺的危险，还在努力地使熔化的石蜡汽化；焰心的暗处是还没有燃着的石蜡蒸气。从画面上分辨不出教科书所讲的内焰和外焰，因为外焰颜色很浅，被内焰发出的黄里透红的光所遮掩。

似乎也看不到烟。其实是有的，只是烟很少，肉眼察觉不到。假如在火焰上方压一块碎瓷片，这些烟就会“显形”。因为压在火焰上的瓷片阻碍了石蜡蒸气与空气的接触，燃烧更不完全，黑烟就多了。

图 2：在子弹击中蜡烛火焰的瞬间

子弹飞驰而过，烛芯被瞬间“斩首”！焰心中的石蜡蒸气还没反应过来，仍躺在空气炽热的怀抱中，继续燃烧。

图 3、图 4：让火焰再飘一会儿

子弹已经远去，被击断的烛芯不能继续使石蜡熔化、汽化，温度骤然降低。追随子弹的一股冷流似乎使燃烧的火焰猛然惊醒，手足无措。焰心中的石蜡蒸气迅速冷凝，化作一缕白色的烟雾，残余的火焰只能匆匆作别。

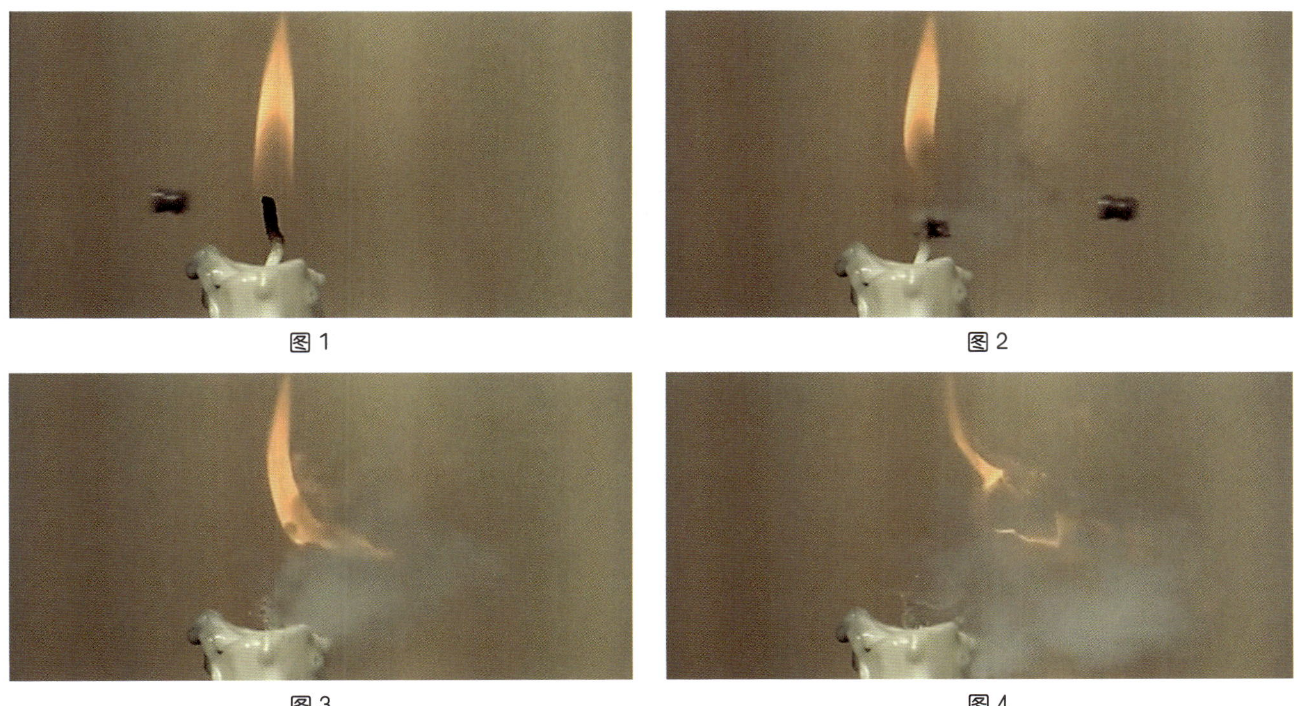

图 1　图 2

图 3　图 4

长信宫灯精妙何在

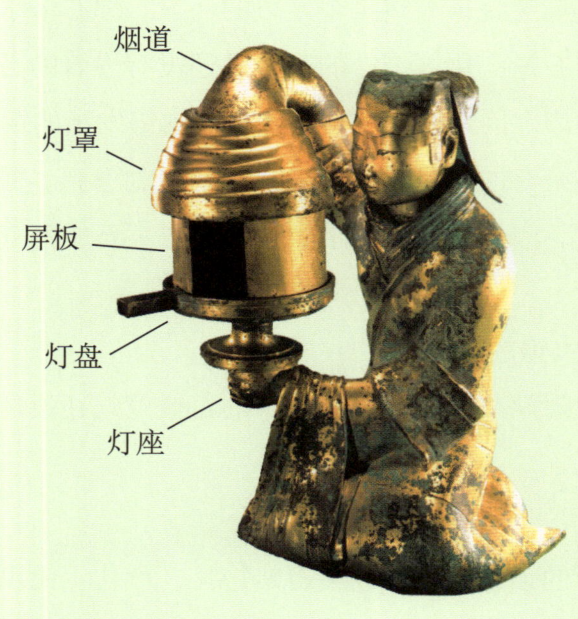

长信宫灯——汉代艺术品中的巅峰之作。1968 年出土于河北省满城县西汉中山靖王刘胜之妻窦绾墓。灯型为双手执灯宫女，通高 48 厘米，重 15.85 千克。

灯具整体采取铜质鎏金，具有较强的耐腐蚀性。虽距今 2000 多年，表面鎏金因年久部分剥落，暴露出的铜被部分氧化为绿色的碱式碳酸铜 [$Cu_2(OH)_2CO_3$]，但仍保持着完好的造型。

整座灯分为头部、身躯、右臂、灯座、灯盘和灯罩六部分，各部均可拆卸。便于移动和清洁。

灯盘可转动，便于调整光照方向。

屏板可开合，便于调节灯光照度和宽窄，还可为烛火挡风。

由宫女的衣袖、右臂及身躯构成灯罩、烟道、烟缸，既有助于蜡烛燃烧时的空气流通，充足供氧，又有助于将燃烧生成的烟炱吸入烟道、烟缸，避免室内空气污染。

人灯合一，造型优美，将艺术观赏性、实用性和环保功能巧妙地融为一体。

实验与真理的距离

在互联网发达的今天，我们的学习遇到了一个新问题，有时候不是没有信息，而是信息量太大，并且难辨真假。对化学而言，似乎有个明辨真假的绝招——实验，因为化学是一门以实验为基础的科学。

那么，有实验证明的结论或观点就一定正确吗？

不一定。因为实验条件和过程的差异都会影响到所得出的结论；若加上人的认知的局限性，也可能实验过程是正确的，得出的结论是错误的。所以从实验到真理之间实际有很长一段距离，没有捷径。

真理离不开实践，有实践证明也未必是真理。只有实验设计在原理上是科学的，过程是严谨的，事实是客观的（不能随意取舍），结论的思维是缜密的，我们才有可能走近真理。

水真的能点燃蜡烛吗

网上曾就“水能否点燃蜡烛”的问题引发争议，后来有电视台专门就此做了一个实验展播，并得出结论：水真的能点燃蜡烛。

在完整地看过这个节目后，我们发现相关实验设计存在“硬伤”。

从原理上讲，当可燃物与充足的空气接触时，要发生燃烧只有两种可能：一是被明火点燃；二是达到自燃的温度。

科学数据显示

石蜡发生自燃的温度为240～300℃，着火点（燃点）为160～260℃。

水的沸点是100℃，水在1400℃以上才比较明显地分解为H_2和O_2，在2727℃时的分解率仅有11.1%。

节目中被熔化的蜡块和石蜡蒸汽没有自燃，温度至少低于300℃，更没有达到使水分解出H_2和O_2的温度。

石蜡是被喷射出的水柱点燃的吗？

不可能！因为水柱的温度低于100℃，完全没有可能点燃石蜡。所以节目中的结论是错误的。从其操作的角度看，实际是石蜡蒸气被水柱压向桌面，遇到瓦斯炉的明火被点燃。

危险实验

在太空的宇宙飞船中，蜡烛能燃烧吗

观点 A

不能燃烧。因为蜡烛在失重或微重力环境中点燃后，不能形成冷热气体对流，以致火焰周围的CO_2难以散去，氧气得不到补充，所以蜡烛火焰会熄灭。以模拟失重状态下的实验为证：点燃一支蜡烛后，悬于距地面约 2 米高处，让蜡烛自由坠落，结果蜡烛在坠落过程中熄灭。也有人提议：将一支点燃的蜡烛用细金属丝悬挂在一个截去底部的饮料瓶中，重复上述操作，以证明该观点的成立。

观点 B

能够燃烧。因为 CO_2 和 O_2 分子的自由运动并不会因为失去重力作用而停止，气体分子由高浓度向低浓度扩散是一个自发过程，即蜡烛燃烧时，产生的 CO_2 会持续地自发地向周围散发开去，周围的 O_2 也会持续地自发地补充到蜡烛火焰中来。据报道，美国国家航空航天局先后于 1992 年在“哥伦比亚”号航天飞机、1996 年在俄罗斯“和平”号空间站完成了系列微重力科学试验，其中就包含蜡烛微重力燃烧实验。结果证明：在空气充足的微重力环境中，蜡烛能够持续燃烧。只是燃烧的火焰形状、颜色、温度有所不同。

常重力下的蜡烛燃烧火焰

微重力下的蜡烛燃烧火焰

让视野再开阔一点儿，可以看到什么？

观点 A 主要是强调微重力环境下，冷热空气不能对流，导致蜡烛火焰因缺氧而熄灭；观点 B 没有否认常重力和微重力环境对蜡烛燃烧会产生不同的影响，但强调气体分子的自由扩散对蜡烛燃烧的支持作用。

显然，观点 B 考虑问题更全面一些。但是，观点 B 仍然是滞留在定性分析的层面上，并没有提供数据证明“微重力环境下，气体的浓度及其扩散的速率能够保障蜡烛燃烧所需要 O_2 的及时补充”，而这才是解决问题的关键。当然，在缺乏相关数据的情况下，借助太空实验事实来论证，也是一种弥补的方式。

为什么 A 设计的两个实验均不足以支持其观点？

首先使燃着的蜡烛在距离地面 2 米的高度自由坠落，即便实验者感觉不到丝毫的风，由于物体的相对运动，蜡烛下坠时实际相当于迎面经受着 2 ～ 3 级的风力。所以该实验并非没有冷空气替换热空气，而是冷空气的相对流速太快，将蜡烛火焰给“吹”灭了。

其次使燃着的蜡烛悬挂于一个有盖无底的饮料瓶中，再使其自由坠落，由于瓶内空间小，容纳的空气就少，相当于人为制造了一个近乎封闭的狭小的空间，不仅限制了冷热气体的对流，同时也限制了燃烧产生的 CO_2 的自由扩散，所以蜡烛火焰就有可能因空间狭小“窒息”而灭。如果实验者有兴趣的话可以试试，不必让饮料瓶自由坠落，就直接将图示装置悬吊在空中不动，其中的蜡烛在常重力的环境中照样会自动熄灭。

为什么蜡烛在地面燃烧的火焰呈狭窄锥柱形，而在失重（或微重力）下的火焰接近球形，且火焰颜色较暗？

蜡烛火焰实际是蜡烛受热产生的蒸气在烛芯周围燃烧形成的。在常重力环境中，受冷热气体对流的影响，蜡烛火焰就形成了一个狭窄的锥形；而在太空，几乎没有重力影响，不能形成冷热气体对流，蜡烛蒸气燃烧时是向周边各个方向自由扩散，所以火焰接近球形。

同理，蜡烛在太空中燃烧时，因为没有冷热气体对流，依靠分子自由扩散来补充氧气，其速度就相对较慢，这样蜡烛火焰周围的氧气浓度就相对低一些。有人在微重力环境下，对氧气浓度分别为 25%、21%、19% 三种情形下蜡烛燃烧的火焰进行了研究，发现随氧气浓度降低，蜡烛火焰颜色由亮黄色逐渐变为暗蓝色。这一实验结论可以作为一个初步的解释。

戴维安全灯的启示

第一次工业革命使机械化生产有了质的飞跃，技术的进步和燃煤市场需求的激增又刺激了煤炭开采规模的不断扩大。以英国为代表的欧洲国家，煤炭开采业已成为工业发展的基石。然而，因矿灯引爆井下瓦斯的矿难频频发生，犹如悬在成千上万名矿工头上的一把达摩克利斯之剑，长期找不到有效的解决方法。

英国工业革命时期的一座煤矿

可燃性气体、蒸汽或粉尘与空气充分混合，达到一定的浓度范围时，遇到明火会引发爆炸，这个浓度范围就叫**爆炸极限**。

千万不要把煤矿瓦斯与防暴的催泪瓦斯混为一谈。

催泪瓦斯的成分是辣椒、芥末类的提取物，对眼睛和呼吸道有强烈的刺激作用，但不伤命。

煤矿瓦斯主要是甲烷等气态烃，无色、无味，在空气中的体积分数达到 5% ~ 16% 时，就成了气体“炸弹”，遇火就炸。是很难对付的井下杀手。

困局：如何能够既保障井下矿灯照明，又不引爆瓦斯

1815 年，英国化学家 H. 戴维带着他的助手法拉第着手研究煤矿瓦斯爆炸的诱因及解决办法。

在长达数月的瓦斯样本收集和实地探查之后，他们注意到：从当时煤矿的生产环境来看，保障通风，使瓦斯在空气中的浓度低于它的爆炸极限，无疑是降低瓦斯爆炸风险的一项安全措施。但是，瓦斯无色无味，不易察觉。在挖煤过程中，瓦斯会在什么时间、什么地方大量冒出来，很难掌控。所以，要想从事故的源头上解决问题，基本不现实。

那么，就只有从用于照明的矿灯上寻找突破口。

问题是要用灯火照明，就不能阻止灯内气体自由进出；要让灯火在那里乖乖地燃烧，又不能引爆混在空气里的瓦斯。显然，这是一个极富挑战性的研究课题。

戴维是如何做到的呢？

可燃物
及其发生燃烧的条件

可燃物通常指在空气中能被引燃的物质。例如，氢气、天然气、汽油、酒精、木材、棉花等。

可燃物发生燃烧的条件：与足够引发燃烧的空气或氧气接触；温度达到可燃物的着火点。

戴维在研究中发现，金属丝网既能保障灯内外气体流通，又能有效阻止照明灯火延伸到灯外。因为金属有良好的传热性能，灯火一接触金属网，热量很快被分散，温度迅速降到瓦斯的着火点以下。这样，矿井中的瓦斯就不会再被引燃了。

戴维的奇招：把火关进笼子

但实验中，在灯火周围装上孔眼密集的铜丝网后，灯光照明效果差，不利于矿工作业。经过进一步观察，他们发现引爆瓦斯的危险区在灯火的上面而不在中下部，于是在灯具中部装上透明的玻璃罩，在灯的上部装上铜丝网。

这就像把灯火关进了笼子，既保障了照明，又防止了瓦斯爆炸。

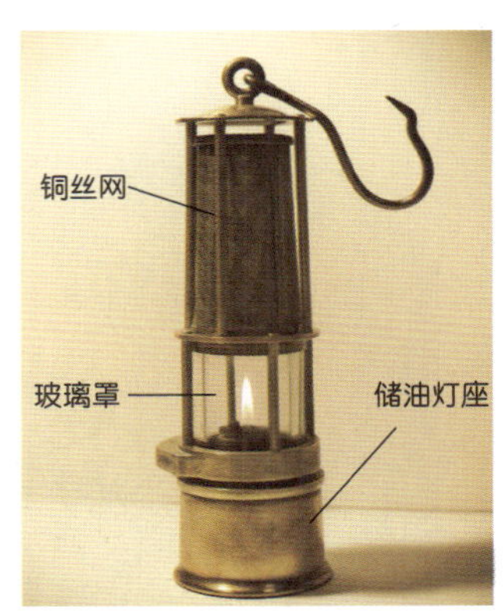

戴维设计的安全矿灯

戴维安全灯的发明带给我们什么启示呢

有的事看似不可能，实际是我们对它了解不够。许多事不是等想好了再做，而是在明确目标的前提下，边做边想。物质的组成、结构与性质变化的关系就像大自然的万花筒，变幻无穷。物质能给人类带来的贡献有多大，关键要看人类对它们的研究有多深。

科学体验

将直径约 1.2 毫米的铜丝绕成螺旋圈，形成如右图所示的锥形罩。将铜丝罩缓缓地垂直下移，可观察到蜡烛火焰越来越小。

也可用废旧铁纱窗截取的铁丝网，抵近火焰，观察火焰不能透过铁网的现象。

金属世家

人类已经认识的化学元素有 118 种，其中金属元素约占 2/3。在人类发展史上，金属时代之所以能取代石器时代、超越陶器时代，就是因为金属具有许多石器和传统陶瓷所不能企及的特性。

从元素周期表看金属

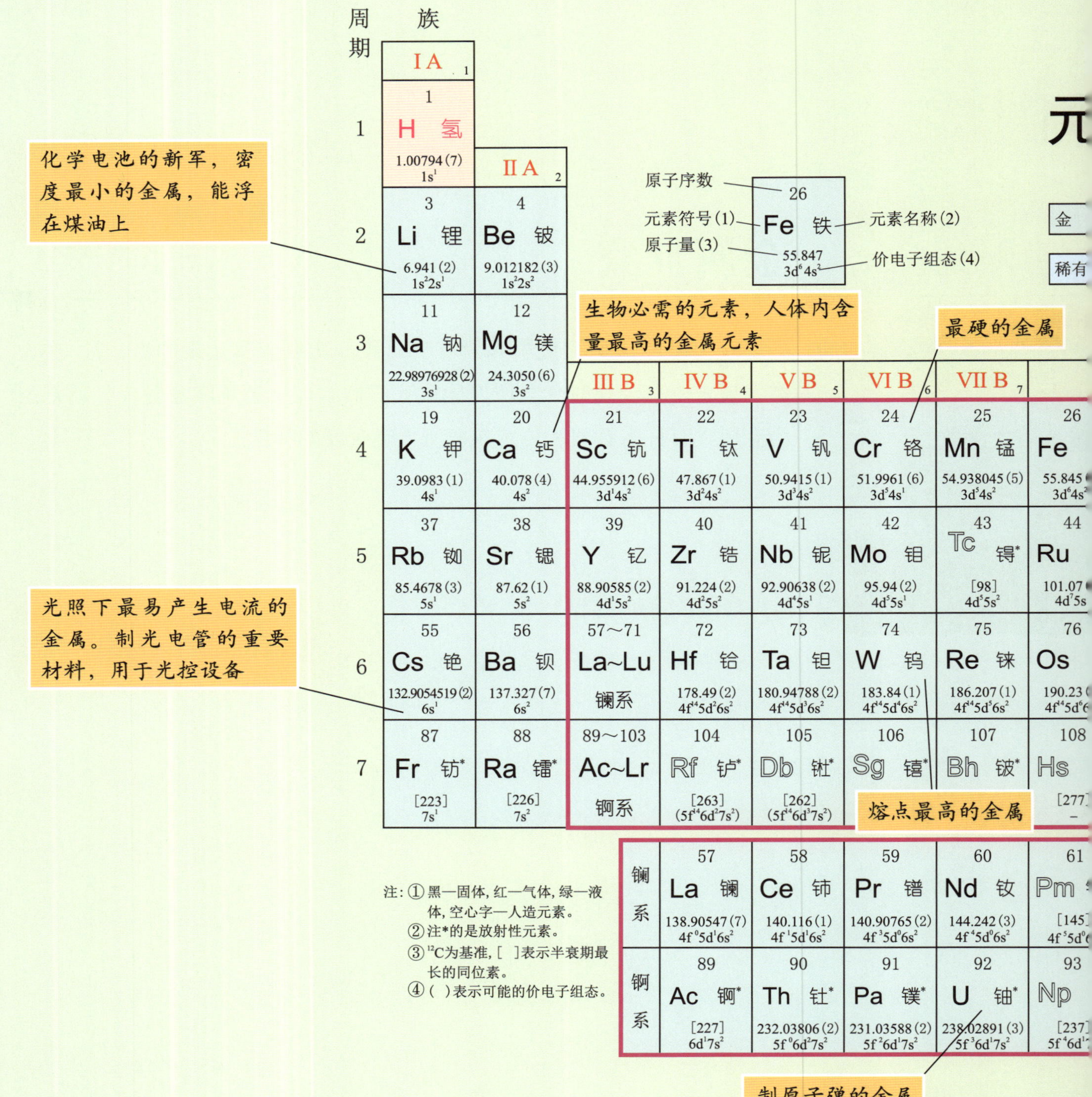

周期	ⅠA 1	ⅡA 2	ⅢB 3	ⅣB 4	ⅤB 5	ⅥB 6	ⅦB 7	
1	1 H 氢 1.00794(7) $1s^{1}$							
2	3 Li 锂 6.941(2) $1s^{2}2s^{1}$	4 Be 铍 9.012182(3) $1s^{2}2s^{2}$						
3	11 Na 钠 22.98976928(2) $3s^{1}$	12 Mg 镁 24.3050(6) $3s^{2}$						
4	19 K 钾 39.0983(1) $4s^{1}$	20 Ca 钙 40.078(4) $4s^{2}$	21 Sc 钪 44.955912(6) $3d^{1}4s^{2}$	22 Ti 钛 47.867(1) $3d^{2}4s^{2}$	23 V 钒 50.9415(1) $3d^{3}4s^{2}$	24 Cr 铬 51.9961(6) $3d^{5}4s^{1}$	25 Mn 锰 54.938045(5) $3d^{5}4s^{2}$	26 Fe 55.845 $3d^{6}4s^{2}$
5	37 Rb 铷 85.4678(3) $5s^{1}$	38 Sr 锶 87.62(1) $5s^{2}$	39 Y 钇 88.90585(2) $4d^{1}5s^{2}$	40 Zr 锆 91.224(2) $4d^{2}5s^{2}$	41 Nb 铌 92.90638(2) $4d^{4}5s^{1}$	42 Mo 钼 95.94(2) $4d^{5}5s^{1}$	43 Tc 锝* [98] $4d^{5}5s^{2}$	44 Ru 101.07 $4d^{7}5s$
6	55 Cs 铯 132.9054519(2) $6s^{1}$	56 Ba 钡 137.327(7) $6s^{2}$	57～71 La~Lu 镧系	72 Hf 铪 178.49(2) $4f^{14}5d^{2}6s^{2}$	73 Ta 钽 180.94788(2) $4f^{14}5d^{3}6s^{2}$	74 W 钨 183.84(1) $4f^{14}5d^{4}6s^{2}$	75 Re 铼 186.207(1) $4f^{14}5d^{5}6s^{2}$	76 Os 190.23 $4f^{14}5d^{6}$
7	87 Fr 钫* [223] $7s^{1}$	88 Ra 镭* [226] $7s^{2}$	89～103 Ac~Lr 锕系	104 Rf 𬬻* [263] $(5f^{14}6d^{2}7s^{2})$	105 Db 𬭊* [262] $(5f^{14}6d^{3}7s^{2})$	106 Sg 𬭳*	107 Bh 𬭛*	108 Hs [277] –

镧系	57 La 镧 138.90547(7) $4f^{0}5d^{1}6s^{2}$	58 Ce 铈 140.116(1) $4f^{1}5d^{1}6s^{2}$	59 Pr 镨 140.90765(2) $4f^{3}5d^{0}6s^{2}$	60 Nd 钕 144.242(3) $4f^{4}5d^{0}6s^{2}$	61 Pm [145] $4f^{5}5d^{0}$
锕系	89 Ac 锕* [227] $6d^{1}7s^{2}$	90 Th 钍* 232.03806(2) $5f^{0}6d^{2}7s^{2}$	91 Pa 镤* 231.03588(2) $5f^{2}6d^{1}7s^{2}$	92 U 铀* 238.02891(3) $5f^{3}6d^{1}7s^{2}$	93 Np [237] $5f^{4}6d^{1}$

注：①黑—固体，红—气体，绿—液体，空心字—人造元素。
②注*的是放射性元素。
③^{12}C为基准，[ ]表示半衰期最长的同位素。
④( )表示可能的价电子组态。

化学元素的中文名称来历：① 沿用传统的汉字名称，如金、银、铜、铁、硫。② 根据外文的原意造字。
名称为 mendelevium，是纪念俄国化学家门捷列夫发现元素周期律。④ 体现元素对应单质的常态特征。凡常在长期的研究中，化学家发现：各元素性质的变化是随着原子结构的规律性变化而呈现出周期性。于是，根据这一规律将所有元素排成一个表，就是元素周期表。

周期表

非金属　半金属

过渡元素

地壳中含量最多的金属元素，年产量仅次于钢铁

常用于电器和乐器中的金属

度最大的金属

导电性最好的金属

II 9	10	I B 11	II B 12	III A 13	IV A 14	V A 15	VI A 16	VII A 17	0 18
									2 He 氦 4.002602(2) $1s^2$
				5 B 硼 10.811(7) $1s^2 2s^2 2p^1$	6 C 碳 12.0107(8) $1s^2 2s^2 2p^2$	7 N 氮 14.0067(2) $1s^2 2s^2 2p^3$	8 O 氧 15.9994(3) $1s^2 2s^2 2p^4$	9 F 氟 18.9984032(5) $1s^2 2s^2 2p^5$	10 Ne 氖 20.1797(6) $1s^2 2s^2 2p^6$
				13 Al 铝 26.9815386(8) $3s^2 3p^1$	14 Si 硅 28.0855(3) $3s^2 3p^2$	15 P 磷 30.973762(2) $3s^2 3p^3$	16 S 硫 32.065(5) $3s^2 3p^4$	17 Cl 氯 35.453(2) $3s^2 3p^5$	18 Ar 氩 39.948(1) $3s^2 3p^6$
钴 95(5) s^2	28 Ni 镍 58.6934(2) $3d^8 4s^2$	29 Cu 铜 63.546(3) $3d^{10} 4s^1$	30 Zn 锌 65.409(4) $3d^{10} 4s^2$	31 Ga 镓 69.723(1) $3d^{10} 4s^2 4p^1$	32 Ge 锗 72.64(1) $3d^{10} 4s^2 4p^2$	33 As 砷 74.92160(2) $3d^{10} 4s^2 4p^3$	34 Se 硒 78.96(3) $3d^{10} 4s^2 4p^4$	35 Br 溴 79.904(1) $3d^{10} 4s^2 4p^5$	36 Kr 氪 83.798(2) $3d^{10} 4s^2 4p^6$
铑 50(2) $5s^1$	46 Pd 钯 106.42(1) $4d^{10} 4s^0$	47 Ag 银 107.8682(2) $4d^{10} 5s^1$	48 Cd 镉 112.411(8) $4d^{10} 5s^2$	49 In 铟 114.818(3) $4d^{10} 5s^2 5p^1$	50 Sn 锡 118.710(7) $4d^{10} 5s^2 5p^2$	51 Sb 锑 121.760(1) $4d^{10} 5s^2 5p^3$	52 Te 碲 127.60(3) $4d^{10} 5s^2 5p^4$	53 I 碘 126.90447(3) $4d^{10} 5s^2 5p^5$	54 Xe 氙 131.293(6) $4d^{10} 5s^2 5p^6$
铱 .7(3) $6s^2$	78 Pt 铂 195.084(9) $4f^{14} 5d^9 6s^1$	79 Au 金 196.966569(4) $4f^{14} 5d^{10} 6s^1$	80 Hg 汞 200.59(2) $4f^{14} 5d^{10} 6s^2$	81 Tl 铊 204.3833(2) $4f^{14} 5d^{10} 6s^2 6p^1$	82 Pb 铅 207.2(1) $4f^{14} 5d^{10} 6s^2 6p^2$	83 Bi 铋 208.98040(1) $4f^{14} 5d^{10} 6s^2 6p^3$	84 Po 钋* [209] $4f^{14} 5d^{10} 6s^2 6p^4$	85 At 砹* [210] $4f^{14} 5d^{10} 6s^2 6p^5$	86 Rn 氡* [222] $4f^{14} 5d^{10} 6s^2 6p^6$
9 鿏*	110 Ds 𫟼*	111 Rg 𬬭* [272] –	112 Cn 鿔*	113 Nh 鿭*	114 Fl 𫓧* [289] –	115 Mc 镆* [288] –	116 Lv 𫟷* [293] –	117 Ts 石田* [294] –	118 Og 气奥* [294] –
钐 6(2) $6s^2$	63 Eu 铕 151.964(1) $4f^7 5d^0 6s^2$	64 Gd 钆 157.25(3) $4f^7 5d^1 6s^2$	65 Tb 铽 158.92535(2) $4f^9 5d^0 6s^2$	66 Dy 镝 162.500(1) $4f^{10} 5d^0 6s^2$	67 Ho 钬 164.93032(2) $4f^{11} 5d^0 6s^2$	68 Er 铒 167.259(3) $4f^{12} 5d^0 6s^2$	69 Tm 铥 168.93421(2) $4f^{13} 5d^0 6s^2$	70 Yb 镱 173.04(3) $4f^{14} 5d^0 6s^2$	71 Lu 镥 174.967(1) $4f^{14} 5d^1 6s^2$
钚* 4] $7s^2$	95 Am 镅* [243] $5f^7 6d^0 7s^2$	96 Cm 锔* [247] $5f^7 6d^1 7s^2$	97 Bk 锫* [247] $5f^9 6d^0 7s^2$	98 Cf 锎* [251] $5f^{10} 6d^0 7s^2$	99 Es 锿* [252] $5f^{11} 6d^0 7s^2$	100 Fm 镄* [257] $5f^{12} 6d^0 7s^2$	101 Md 钔* [258] $(5f^{13} 6d^0 7s^2)$	102 No 锘* [259] $(5f^{14} 6d^0 7s^2)$	103 Lr 铹* [262] $(5f^{14} 6d^1 7s^1)$

号元素氯，英文名称为 chlorine，取希腊文原意为“绿色”。③ 根据外文的读音造字。如 101 号元素钔，英文

态者，从“气”；固态者从“钅”或“石”；液态者从“氵”或“水”。

形形色色的镜子

所有金属都有金属光泽，金属制镜正是利用其对光的强反射作用以及良好的抗腐蚀性能。我国制青铜镜始于商周，有4000多年的历史。唐太宗李世民曾有句名言：“以铜为镜，可以正衣冠；以古为镜，可以知兴替；以人为镜，可以明得失。”

我们日常生活用的镜子，较多是利用化学上的“银镜反应”在玻璃上镀银（Ag）制得。

车用反光镜多用不锈钢制得。现代大型反射镜面多用铝或银。

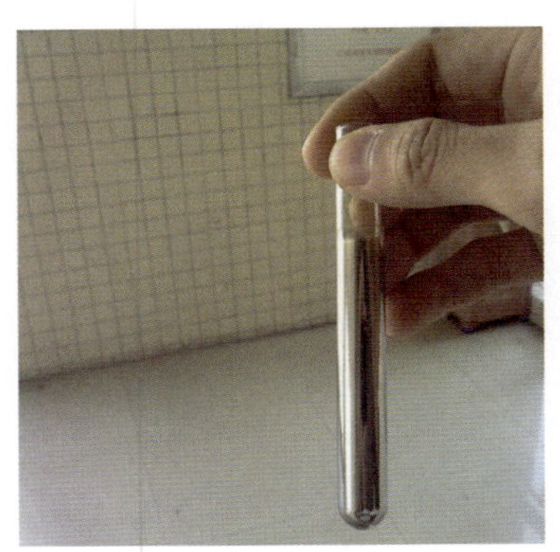

银镜反应

世界最大太阳炉：瞬间熔化钢铁

太阳炉的基本原理是利用大面积的金属反射镜将太阳光反射到聚光器聚焦，直接将太阳能转化为热能，瞬间形成高温。

世界最大的太阳炉

乌兹别克斯坦于1981年动工建造太阳炉，1987年建成。可调控温度范围800～3500℃，可使钢铁瞬间熔化。同时，在研究导弹和核反应堆所需耐高温材料方面有重要应用。

整个聚光器由214个4.5米×2.25米的分区，共计10700块镜面组成。每个分区包含50块镜面。

反射区的反射面积是3022平方米。反射镜面有铝涂层和丙烯酸保护层。

中国科学院2010年在宁夏成功研制的太阳炉也已经迈进世界先进行列。该系统平台与西安交通大学研制的反应器接口已经成功分解水产出氢气。

中国问天的世界之最——500米口径球面射电望远镜（FAST）

2016年9月25日，FAST在贵州落成启用。4450块反射面拼出面积相当于30个足球场的“天眼”，反射面用铝合金2000多吨。它是目前世界上最大、最灵敏的天文望远镜，能利用铝合金镜面及配套系统捕捉到137亿光年外的电磁信号。

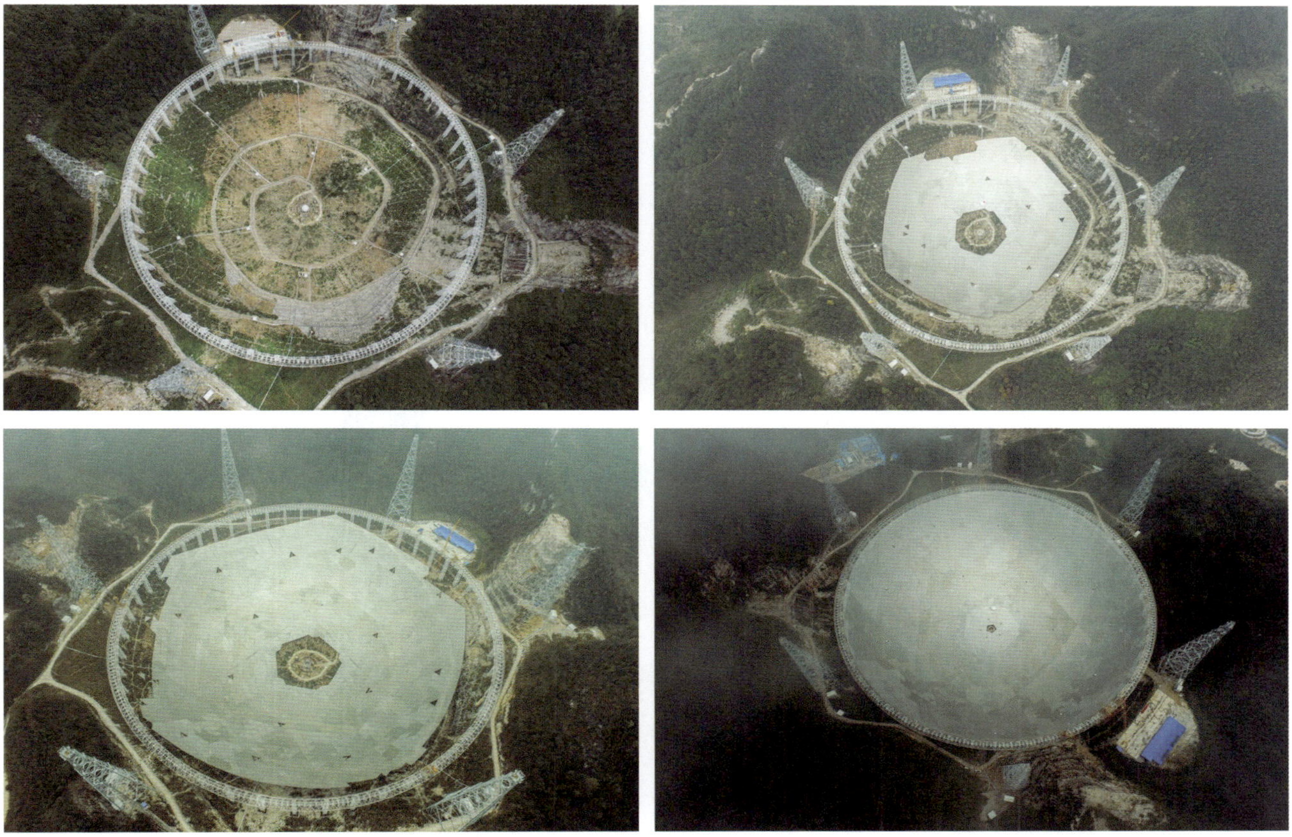

FAST 项目从安装第一块反射面板到完成的过程。左上为：FAST 安装第一块反射面板；右上为：FAST 反射面板安装近半；左下为：FAST 反射面板安装近八成；右下为：FAST 反射面板安装完成

“人类之所以脱颖而出，从低等的生命演化成现代这样，出现了文明，就是有一种对未知探索的精神。”

——南仁东

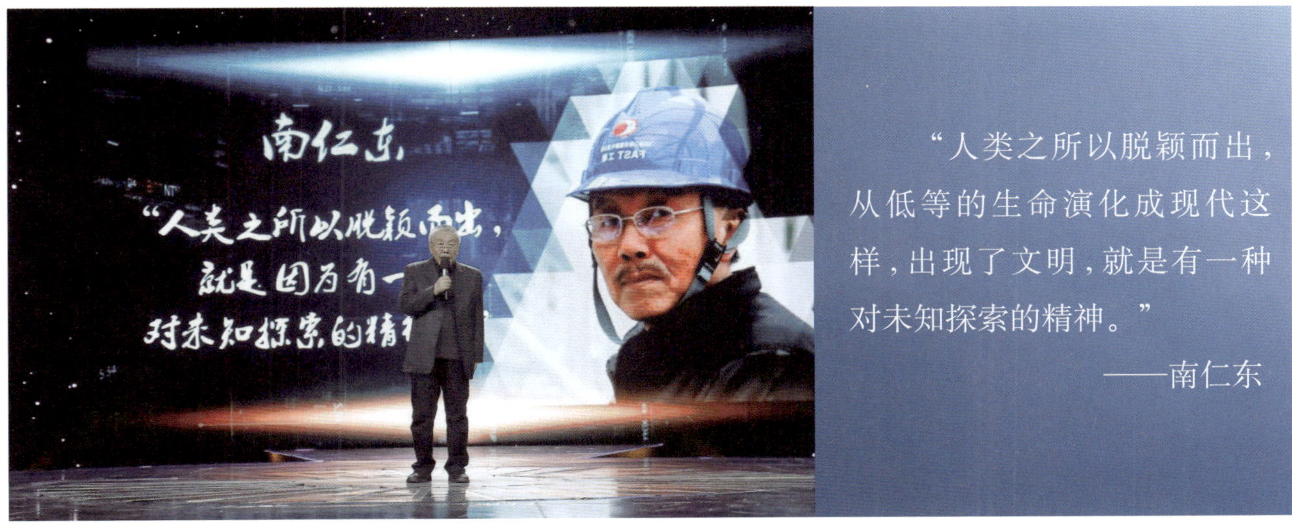

“天眼”之父南仁东在 2016 年科技盛典颁奖现场

汞：唯一的金属溶剂

汞（Hg）是室温下唯一呈液态的金属，故俗称水银。汞能溶解金、银、钠、锌、锡（Sn）等金属形成合金。

因为汞的流动性和热胀冷缩的性质，所以可作为血压计、温度计中的填充液。

汞的化学性质稳定，但汞蒸气有毒！使用时不慎洒落在桌面或地上，应及时清理。最好在汞液表面洒上硫黄粉，并用毛刷轻扫。因为汞易与硫化合成无毒的硫化汞（HgS）。

鎏金就是将金溶解在汞里，然后涂在铜器上，通过加热除去汞，即成。

汞是常温下唯一的液态金属

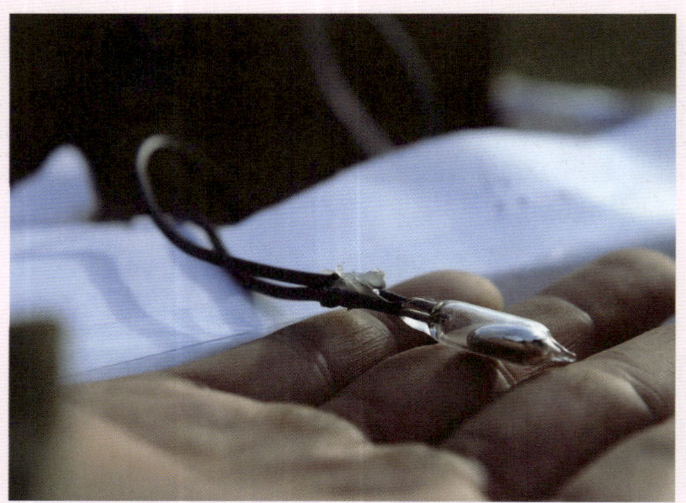

爆炸物中的水银触发装置

15 世纪鎏金铜四臂度母像

在秘鲁马德雷德迪奥斯地区的拉潘帕一座地下金矿，一名采金工人托着一块经过 28 小时工作采集到的金汞合金

镓：能在手心熔化的金属

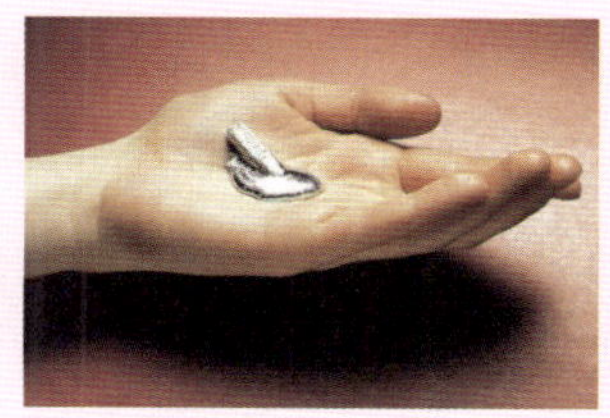

镓（Ga）的固体为蓝灰色，液体为银白色；熔点 29.78℃，沸点 2403℃。镓是在人体温度 (37℃) 下能熔化成液体的三种金属之一（另外两种为铯和汞）。镓的液态温度范围极宽，这一性质可用于制作高温温度计。

1875 年，法国化学家 P.-é.L.de 布瓦博德朗用光谱法分析比利牛斯山的闪锌矿时，发现了一种新元素。为纪念祖国而把它命名为 gallium（来源于 gallic，原意“法国的”），元素符号为 Ga。

可是，当法国科学院发表布瓦博德朗的相关论文后，收到一封署名圣彼得堡大学教授门捷列夫的来信，信中肯定地说：论文所述镓的性质不完全正确，比如它的比重不会是 4.7，而应当是 5.9 ~ 6.0。布瓦博德朗觉得很惊讶，因为当时世界上得到镓的人只有自己，没有“之一”。不过，本着严谨的科学态度，他还是进一步提纯了镓，并测得镓的比重竟然是 5.94！原来门捷列夫早在 1869 年就预言了该元素的存在及其性质，门捷列夫发现的元素周期律也从此得到科学界的广泛认同。布瓦博德朗感慨道：我认为没有必要再说明门捷列夫先生这一理论的伟大意义了。

铯：掌控时间的金属

铯（Cs）是一种极易被氧化的活泼金属，常温下遇水迅速反应，并发生爆炸。在光的作用下易放出电子，可用于制光电管。也是宇宙航行中离子火箭发动机的理想“燃料”。

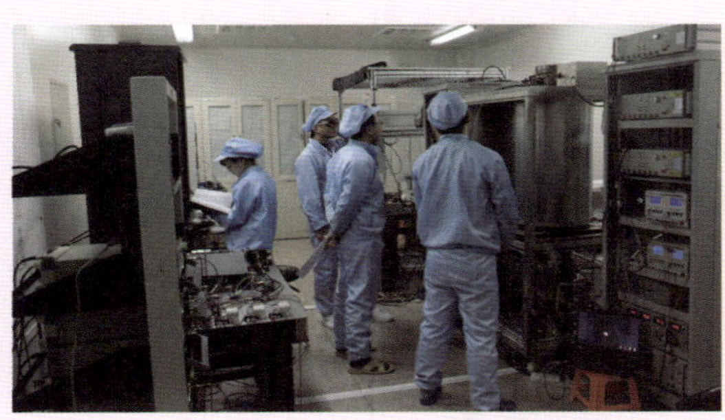

中科院国家授时中心时间频率基准重点实验室的科研人员在维护铯原子喷泉钟

国际单位制中定义时间的基本单位——秒，就是以一种质量数为 133 的铯原子在“基态”与最接近“能态”间跃迁 9 192 631 770 个周期所持续时间来确定的。

通俗地说，这种铯原子每秒钟会打 9 192 631 770 个节拍。目前，用这种铯原子制作的原子钟已经应用在美国的 GPS 导航系统，作为全球时间调控的基准。

2014 年，中国研制的新一代铯原子钟已获国际计量局认可，精准度可达 2000 万年不差 1 秒。

锂：化学电池的新军

锂（Li）呈银白色，质软，可用小刀切开。密度约为水的 1/2，甚至可漂浮在煤油上。

锂的化学性质活泼。常温下，就可与水反应产生氢气；易被空气氧化。

锂最广为人知的用途就是用作锂电池电极。相对于传统的锌锰电池，锂电池储能高、电压平稳、使用寿命长、安全性好。因此在电脑、手机、人造卫星以及心脏起搏器等方面得到广泛应用。

锂被誉为“高能金属”，主要还是锂在原子能工业方面的应用。1 千克锂通过热核反应放出的能量相当于 2 万多吨优质煤的燃烧。

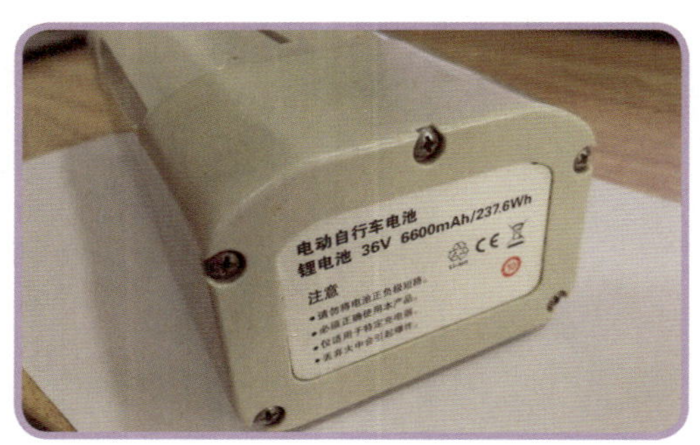

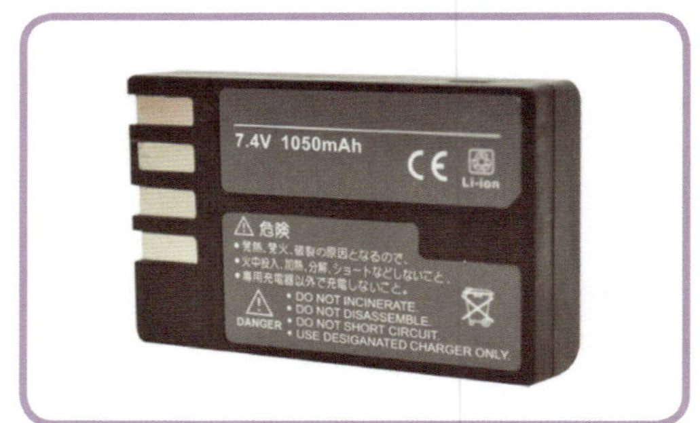

铬：让钢铁延年益寿的仙丹

上海航天技术研究院工作人员展示首台航天 3D 打印机用钴铬合金材料打印的航空发动机叶轮

铬（Cr）呈钢灰色，是硬度最大的金属，耐腐蚀性强。

世界上每年因钢铁锈蚀造成的损失远超过各项自然灾害带来的损失的总和。如果使钢铁中含铬量达到 12% 或更高，就能制得不锈钢，延长钢铁的使用寿命。这是因为铬能在钢铁表面形成一层薄而致密的氧化膜，阻止钢铁的氧化。即便使用过程中这层氧化膜被破坏，它也能自动修复。

从秦陵兵马俑二号坑出土的青铜剑，虽历经 2000 年，却无锈蚀，光洁如新。用现代科学方法检测分析，这些青铜剑表面竟覆盖有一层厚约 10 微米的氧化膜，其中含铬 2%。堪称世界冶金的奇迹！

铂铱合金：世上最精准的砝码

千克原器

千克是国际单位制中质量的基本单位，符号为 kg。

国际千克原器是一个直径和高度均为 39 毫米的圆柱体，由耐氧化的铂铱（Pt–Ir）合金制成，保存在法国巴黎的国际计量局总部。另有官方复制品送往世界各国，作为千克原器使用，且需定期返回校准。

人类冶金史上最早的合金

由两种或两种以上的金属（或金属与非金属）熔合而成的具有金属特性的物质，叫作合金。合金的某些性能往往相对于其组分金属有较大改善，因而得到更广泛的应用。例如，常见的铜合金就有青铜（Cu–Sn 合金）、黄铜（Cu–Zn 合金）、白铜（Cu–Ni 合金）。青铜是人类冶金史上最早的合金，主要是由铜和锡或铅熔合而成。青铜比纯铜的熔点低，便于铸造成型，且成型后的硬度、强度比纯铜高。

自然界存在的金属铜

青铜面具

圆号（黄铜）

为什么金属容易传热导电

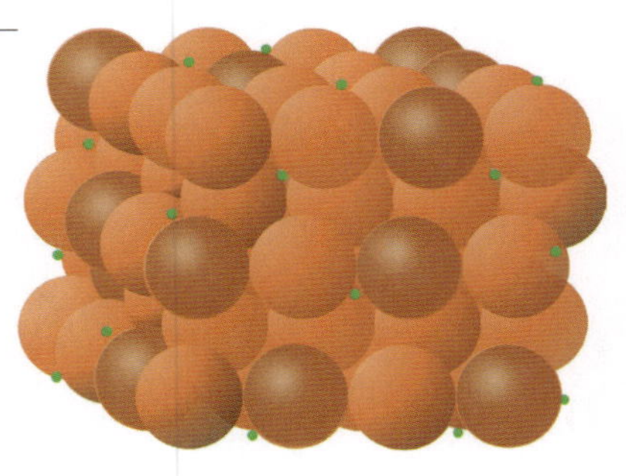
金属晶体

金属原子最外层电子数较少（大多为 1 ~ 2 个），且原子半径相对较大。这样外层电子受原子核的吸引力相对较小，常常会游移到离核较远的周边去溜达一圈。所以，在金属晶体中，除了含金属原子外，还含有金属离子和自由电子。金属的硬度、韧性、延展性、传热导电性与这些微粒间的作用密切相关。

通常，我们的手刚接触到金属时会有凉凉的感觉。这主要是因为金属所含自由电子对热特别敏感，遇到温度相对高的物体时就会加快热运动，并增大与相邻金属原子和离子的碰撞频率，进而迅速将获得的能量传递出去。所以，金属易传热。

金属的传热性那么好，怎么就不能装食物在微波炉里加热呢？

因为微波无法穿透金属，会在金属表面放电，结果不仅很难将能量传递给需要加热的食物，还容易引发事故。

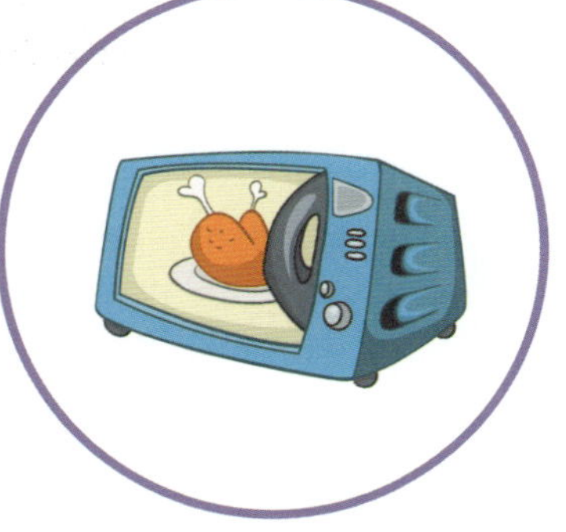

延展性是金属优于石器、陶瓷的又一特性，可煅可削，能屈能伸。

500 克金拉成细丝可以从深圳牵到北京。若压制成金箔，可以比蝉翼还薄，50 万张金箔摞起来，大约只有 1 厘米厚。假如换成 50 万张印制本书的纸张，摞起来将有 14 层楼高。

金属良好的加工性能还表现在能通过熔化浇铸成各种造型的雕塑、器械、徽章等。

输电线

用于高铁的铝合金导电轨

高导铜材具有含氧量低、导电率高、延伸率好等特点，广泛应用于核电、高速铁路、海底电缆、汽车、通信、电磁线等行业

金属导电是由于外加电场的作用，金属导体两端产生了电势差，为金属内自由电子作定向迁移提供了动力。但金属内的原子核并不愿把自己的电子贡献出去，它们竭力阻止电子向外迁移。这时电源一方面利用正极掠走带负电荷的自由电子；同时，电源的负极又源源不断地补偿金属所失去的电子，于是就形成了电流。

铝：广受青睐的轻质金属

铝（Al）是银白色的轻金属，具有良好的延展性和导电性。

铝的化学性质活泼，易与酸碱反应。在空气中，因与氧气作用形成了一层致密的氧化膜，阻止了铝的进一步氧化。所以，铝比铁耐腐蚀。

铝的密度约为铁的 1/3、银的 1/4，尽管铝的硬度较小，但铝合金的硬度和强度可与钢材相当，例如硬铝就是含少量铜、镁（Mg）、锰（Mn）、硅（Si）形成的铝合金。

因此，铝和铝合金以质轻、坚韧、易加工、耐腐蚀等良好的性能以及美丽的银白色光泽，广受人们青睐。

在保证供电能力相当的条件下，使用铝质材料的质量约为银的 42%，且铝的价格远低于银。所以，铝被广泛用作供电器材。通常所见的高压线就是钢芯铝绞线

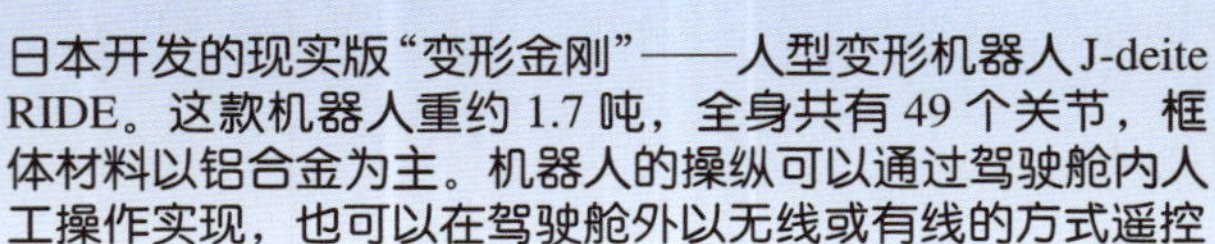

日本开发的现实版“变形金刚”——人型变形机器人 J-deite RIDE。这款机器人重约 1.7 吨，全身共有 49 个关节，框体材料以铝合金为主。机器人的操纵可以通过驾驶舱内人工操作实现，也可以在驾驶舱外以无线或有线的方式遥控

C919 是中国首款按照最新国际适航标准研制的干线民用飞机，采用的先进材料主要有第三代铝锂合金材料、碳纤维复合材料及钛合金等，“机壳”中铝合金材料约占材料总重量的 70%，以减轻飞机自身负重，提升运载能力

被称为国产“抗洪神器”的防洪墙。这是一种拼装式防洪墙，立柱为不锈钢材质，挡板为特殊材质的铝合金，强度较大，能够顶住洪水长时间浸泡和高强度加压。在水位较低时，可拆除拼装式防洪墙。汛期如果需要使用该防洪设施，可以迅速拼装完毕

铝合金自行车架，便捷、时尚

钢铁的前世今生

铁从何来

人类使用钢铁的历史约有 4000 年，最早见到的铁应该是天外来客——铁陨石。因为地壳中只有铁的化合物，没有铁的单质。铁的熔点高达 1538℃，生铁的熔化温度也在 1150℃；而铜的熔点要低许多，为 1084.62℃。显然，铁的冶炼难度高于铜。所以在人类发展史上先有铜器时代，后有铁器时代。

铁在地壳中的元素含量位居第 4。我们常见的黄土、赤壁就与铁的氧化物有关，在我们的脚下，平均每 100 克土壤、沙、石中含铁 4 ~ 5 克。

含铁的矿石有赤铁矿、磁铁矿、黄铁矿、褐铁矿、菱铁矿等多种，常用于炼铁的矿石主要是含铁量较高的磁铁矿和赤铁矿。

陨落于新疆维吾尔自治区准噶尔盆地的铁陨石（重约 30 吨）

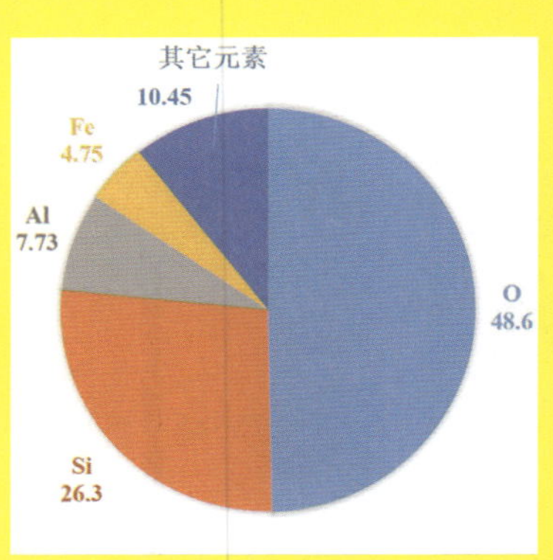

地壳中主要元素的质量分数（%）

《天工开物》初刊于1637年（明崇祯十年），是我国第一部综合性的科技著作。其中记载了我国古代炼铁技术。右图中两人正在拉风箱，给炼铁炉中鼓空气，以提高炉温。另外四人正在向流出的铁水中撒潮泥灰（石灰石）并用长棍迅速搅动，使铁水降低碳的含量转化成熟铁。

《天工开物》中的古代炼铁插图

露天铁矿

冶铁原料及生产原理

在炼铁工业中，铁矿石中的铁都处于氧化态，即铁原子失去电子被氧化后的状态。如赤铁矿中每个铁原子失去了 3 个电子，表示为 Fe^{3+}；菱铁矿中每个铁原子失去了 2 个电子，表示为 Fe^{2+}。炼铁就是要将铁原子曾经失去的电子还给它，这个过程叫作还原反应，可表示为：

$$Fe^{3+} + 3e^{-} \xrightarrow{高温} Fe \quad 或 \quad Fe^{2+} + 2e^{-} \xrightarrow{高温} Fe$$

问题是让谁将电子还给氧化态的铁呢？

其实这事儿怨不得青铜兄弟，铜和锡的金属性本来就没有铁活泼，让他们把宝贵的电子送给铁，不说他俩不乐意，那铁原子还真不好意思收。而碳原子不同，是高温下老牌的强还原剂，具有很强的供电子能力。并且，炭价廉易得。所以，用炭将铁矿石中的铁还原出来，是最佳选择。

细心的读者可能已经发现，当碳原子将电子转移给铁的同时，它自己就被氧化了，变成了二氧化碳或一氧化碳（CO）。这没关系，只要俩人乐意就行！

相关反应可表示为：

$$C + Fe_2O_3 \xrightarrow{高温} Fe + CO_2 \quad 或 \quad C + Fe_2O_3 \xrightarrow{高温} Fe + CO$$

在化学上，物质所含元素的氧化态和还原态是相对的，与变化过程有关。

在反应中，给出电子的物质就是还原剂，该物质所含的相关元素在反应前为还原态，在氧化后的产物中就为氧化态。例如，

$$CO + Fe_2O_3 \xrightarrow{高温} Fe + CO_2 \quad ①$$

$$C + Fe_2O_3 \xrightarrow{高温} Fe + CO \quad ②$$

反应①中，CO 中的 C 就是还原态。因为 CO 是给出电子的物质，它所含 C 将电子给了 Fe_2O_3，自己被氧化成 CO_2。

反应②中，CO 中的 C 就处于氧化态。因为该反应中 C 是还原剂，CO 是 C 原子给出电子后被氧化的产物。

炼铁就是一个用还原剂将铁矿石中的铁还原出来的过程。

木炭

焦炭

古代炼铁，主要用的是木炭；现代炼铁，主要用的是焦炭。

区别在于，木炭是将特定品种的树木干馏制得；焦炭是用煤干馏制得。所谓干馏，就是将木材或煤隔绝空气加强热使其分解的过程。但木炭来源少，价格相对焦炭也高，所以在炼铁生产中早已被焦炭取而代之。

为了降低能耗，炼铁前需将铁矿石粉碎成 4 ~ 5 厘米大小的颗粒，通过浮选等过程除去其中含铁少或不含铁的杂质，同时也有助于增大铁矿石与还原剂的接触面，提高冶铁效率。

炼铁还少不了一种原料——石灰石（主要成分 $CaCO_3$）。这是用于除去深藏在铁矿石中的脉石 (主要成分 SiO_2)。因为 SiO_2 熔点高达 1670℃，如果混入铁水，将严重影响钢铁质量。石灰石在高温下分解成的生石灰（主要成分 CaO）显碱性，脉石中的 SiO_2 显酸性，它们可发生如下反应：

石灰石

$$CaO + SiO_2 \rightarrow CaSiO_3$$

生成的 $CaSiO_3$ 不溶于铁水，且密度相对较小，可以浮在铁水表面作为炉渣被除去。

要想炼出铁，我们还需要一位朋友——空气中的氧气。

炼铁时，氧气可是一肩担两头，一方面使炭燃烧以达到炼铁所需的高温；另一方面就是与炭反应生产还原剂 CO。

不是说炭就可以还原出铁吗？怎么还要制成 CO？

因为炭是固体，不如 CO 与铁矿石接触充分，冶铁效率相对较低。现代炼铁炉都高达数十米，目的就在于尽量提高原料和能源的利用率。

在高炉出铁的那一刻，场面颇为壮观。

红色的铁流喷涌而出，火星四溅，宛如节日的烟花；炼铁工人犹如屹立在火山口的勇士，将火龙般的铁流引进铁罐，或送去炼钢，或铸成铁锭。

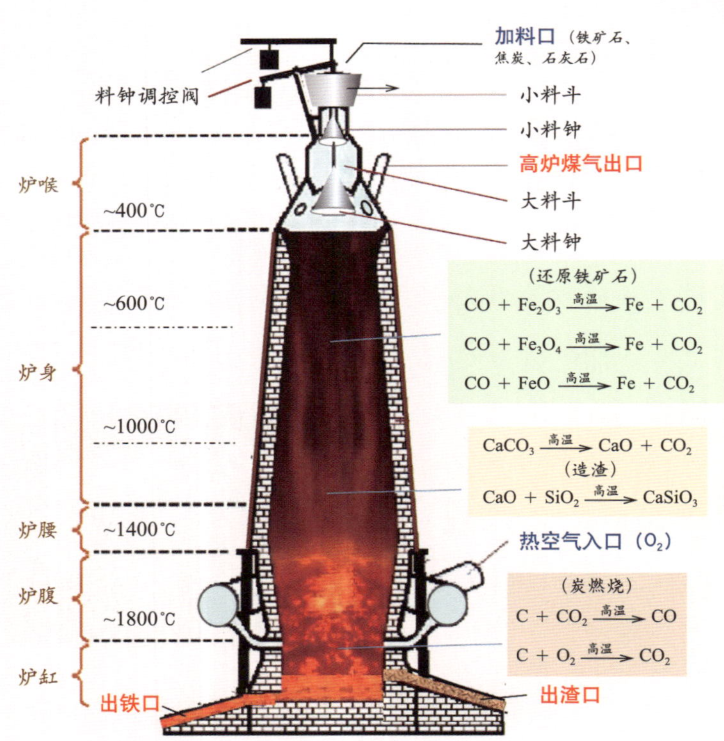

炼铁高炉

为了节能减排，现代炼铁工艺正在变革之中。如原料中的焦炭改为煤粉或焦炉气、生物质等，相应的投料方式也改为喷吹。

采用传统工艺的炼铁高炉

百炼成钢

可能有人以为钢铁的特性就是“硬”，其实不然。真正的好钢，既要“硬”，又要“韧”。这样，才能攻坚克难、百折不挠。

从炼铁炉出来的铁叫作生铁，要炼成普通钢就需要降低碳的含量，除去硫（S）、磷（P）等有害杂质；如果要炼成具有特种性能的钢就还要调整其他合金成分的含量（如硅、锰、铬等）。

生铁与钢的最主要区别就是含碳量。生铁的含碳量＞ 2%，是在炼铁过程中熔入的，其性硬而脆，可塑性差；而粗钢的含碳量一般在 0.03% ～ 2%，有良好的塑性，可压成板、可拉成丝。

习惯上将含碳量＜ 0.2% 的铁叫作熟铁。如《天工开物》中所描述的炼制熟铁的场景，立于中间那人所撒的潮泥灰因含有氧化铁，可以将铁水中的碳氧化成二氧化碳除去，旁边的人用棍搅动，就是促其混匀，充分反应，从而获得熟铁。

“百炼成钢”是古代的一种炼钢法。是将熟铁与生铁按一定比例配料，在火炉中烧红，拿出来锤打成薄片，挤出混在其中的杂质，而生铁中的碳一部分渗入熟铁，一部分被空气氧化除去；当温度偏低时，就将铁片再放入火炉烧红，再折叠，再打……直至“百余火”后，使生铁的性能发生脱胎换骨的变化。也正是钢的出现，使人类社会生产力发生了质的飞跃！

我们不难想象，以古代的技术条件，仅依靠人力和简单的工具要完成对不同固态铁中化学元素含量的精细调节需要经历多少艰辛的磨砺！因此，“百炼成钢”是人类的智慧、意志、力量和自然规律相融合的成果，也是人类精神文明的宝贵财富！

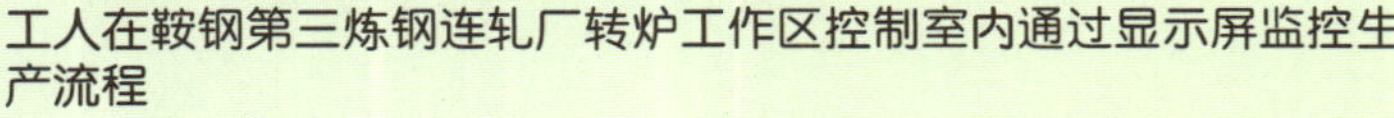

工人在鞍钢第三炼钢连轧厂转炉工作区控制室内通过显示屏监控生产流程

炼钢厂转炉车间内的生产场面

炼钢，即用氧化剂（如氧气或富氧空气）降低铁中的含碳量，同时调节钢种所需合金成分至规格范围。现代炼钢的主要设备是转炉和电炉。

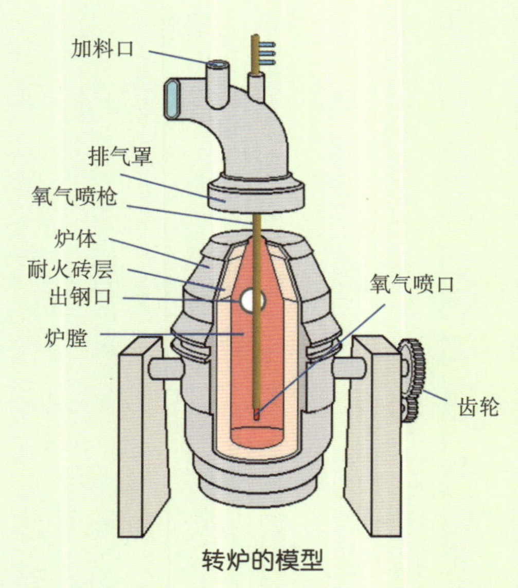

转炉的模型

转炉是目前炼钢的主流设备。转炉炼钢的特点是不用外加热源，速度快、产量高，投资小。炼钢是向转炉中加入适量废钢、造渣材料生石灰之后，再注入铁水，然后直接用高压喷枪向铁水中喷氧气，在铁水涌动的过程中，那些氧气以及产生的氧化亚铁（FeO）可以将钢中的碳氧化成 CO，并除去大部分硫、磷等杂质。

在各类新型金属材料层出不穷的时代，钢铁始终稳居产量第一的霸主地位。原因来自多方面：资源丰富、生产成本较低、应用广泛。

无论是城市基础建设、山地隧道，高铁、桥梁，还是装甲车辆、海军舰艇，钢铁都以其异常的坚韧和难以撼动的沉稳傲视群山大川。

电炉炼钢

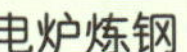

炼钢工人在给电炉中充氧

电炉是特种钢的摇篮。当代各类特种钢材的研发，极大程度地拓展了钢铁的适用领域。电炉已成为冶炼高品质特种钢的主要设备，其特点是能够更好地掌控冶炼温度和合金元素的比例，还适合大量废钢的回收冶炼。

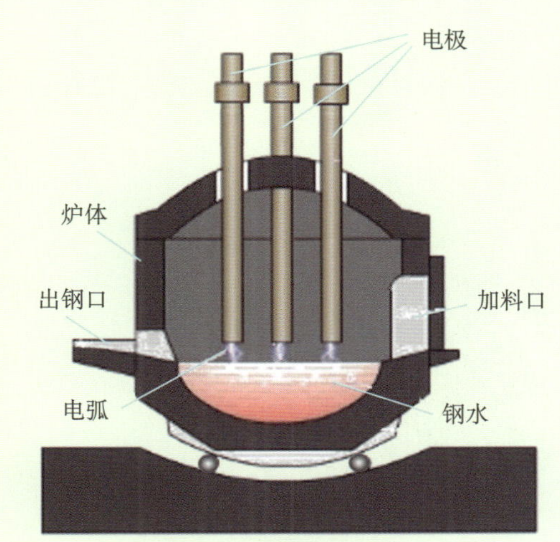

电炉的模型

特种钢

硅钢是含硅量为 0.5% ~ 4.5% 的具有磁性的硅铁合金。主要应用在发电机、电动机、变压器等电器中。

高锰钢指含锰 11% ~ 14% 的钢材，非常坚韧，并且没有磁性。可作大跨度建筑的结构材料，在军事上可作装甲钢。

还有耐腐蚀的铬钢、耐高温的钨钢以及具有多种优异功能的稀土金属形成的特种钢材。

钛：从希腊神话走进现实的王者

金红石矿

钛白粉

钛为银白色金属，元素符号为 Ti，英文名 titanium，来源于希腊神话中大地之子 Titans 之名，以表示金属钛所具有的天然强度。钛的单质及多种化合物，皆性质非凡，颇具王者气概。

早在 1795 年，科学家在研究匈牙利一个矿区的金红石时就发现了钛，但直到 1910 年，人们才用金属钠还原四氯化钛（$TiCl_4$）制得了较纯的金属钛。因为钛在高温冶炼时既容易与氧气、氮气反应，又容易与炭以及硅酸盐类耐火材料熔合，所以，提炼钛的难度很大。

金红石是提炼钛的重要矿物原料，其中的主要成分是二氧化钛（TiO_2），多为四方双锥或针状晶体，颜色通常呈暗红色、红棕色、黑色。

纯净的二氧化钛粉为白色，工业上叫作钛白，被誉为世界上最白的涂料，不仅黏附力和着色力超过了常用颜料锌钡白（$ZnS{\cdot}BaSO_4$）和铅白 [$2PbCO_3{\cdot}Pb(OH)_2$]，且化学性质稳定，无毒。在油漆、造纸、玻璃、橡胶着色以及化妆品方面均有应用。

钛在地壳中的元素含量位居第 10，是铜含量的 60 倍。钛被誉为 21 世纪的金属，具有许多金属所不具备的优良性能，有着广阔的应用前景。

钛的密度为 4.54 克/厘米 ^{3}，约为钢铁的 3/5，熔点 1668℃，比铁还高。钛合金的坚韧度与钢材相当；能耐受较大的温差变化，温度骤然升高 600℃或降至 –200℃，其机械性能几乎不受影响。因此，作为航空航天结构材料，其性能超过了铝合金和钢材。

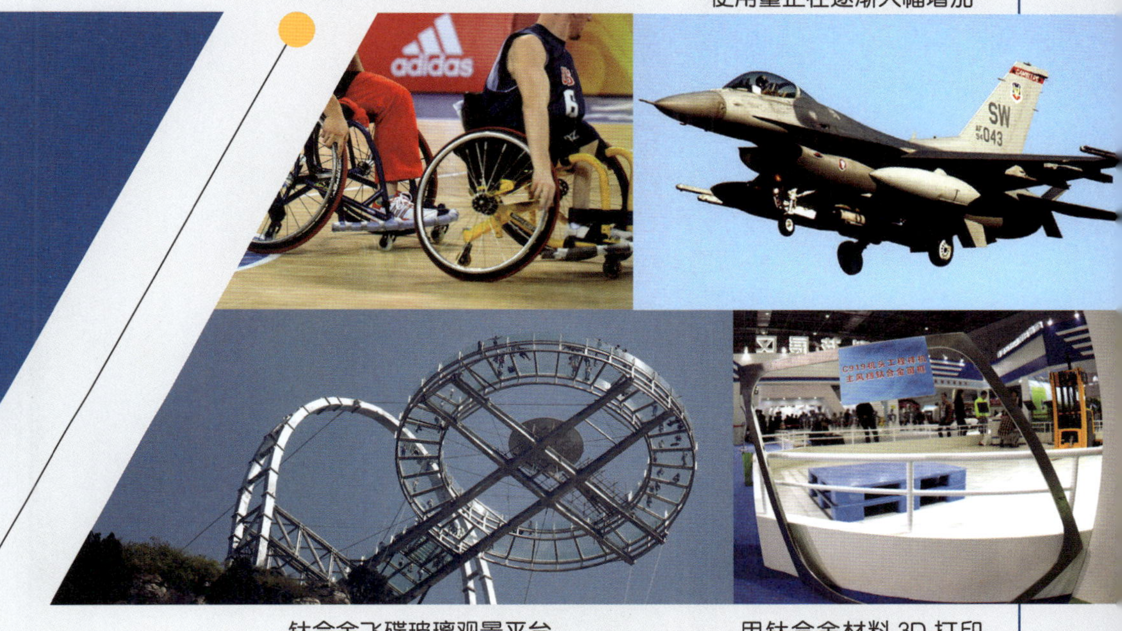

比赛用轮椅的椅架多用钛合金制成

现代战斗机的钛合金材料使用量正在逐渐大幅增加

钛合金飞碟玻璃观景平台

用钛合金材料 3D 打印而成的 C919 机头主风挡的窗框

钛具有超强的耐腐蚀性能。室温下，黄金能被王水（浓硝酸、浓盐酸混合而成）溶解，而钛在王水中安然无恙。接触海水的钢铁容易生锈，而钛在海水中浸泡几年都不会被侵蚀，因为钛的表面有一层致密的氧化物保护膜，即便这层保护膜遭受机械磨损也能很快自动修复，因为钛与氧有很强的亲和性。并且钛没有磁性，不易受水雷的攻击。因此钛是潜艇等舰船的优选材料。

钛在高温下化学性质活泼。1200℃时，钛和氮气可直接反应制得氮化钛（TiN）。氮化钛熔点高、硬度大、耐磨性好、抗热冲击力强，兼具良好的韧性和化学稳定性。将其镀在硬质合金刀具和高速钢刀具表层，可成倍提高刀具的使用寿命。而氮化钛膜又因其耐腐蚀性及美丽的金黄色，被大量用作表壳、表带等日用品的仿金镀层。

钛及钛合金对人体组织具有良好的生物相容性，无毒副作用，且抗锈蚀、耐磨损、机械强度大，所以在人体关节修复、牙冠、心血管支架以及人工心脏瓣膜、心脏起搏器等医疗器材领域得到了广泛的应用。

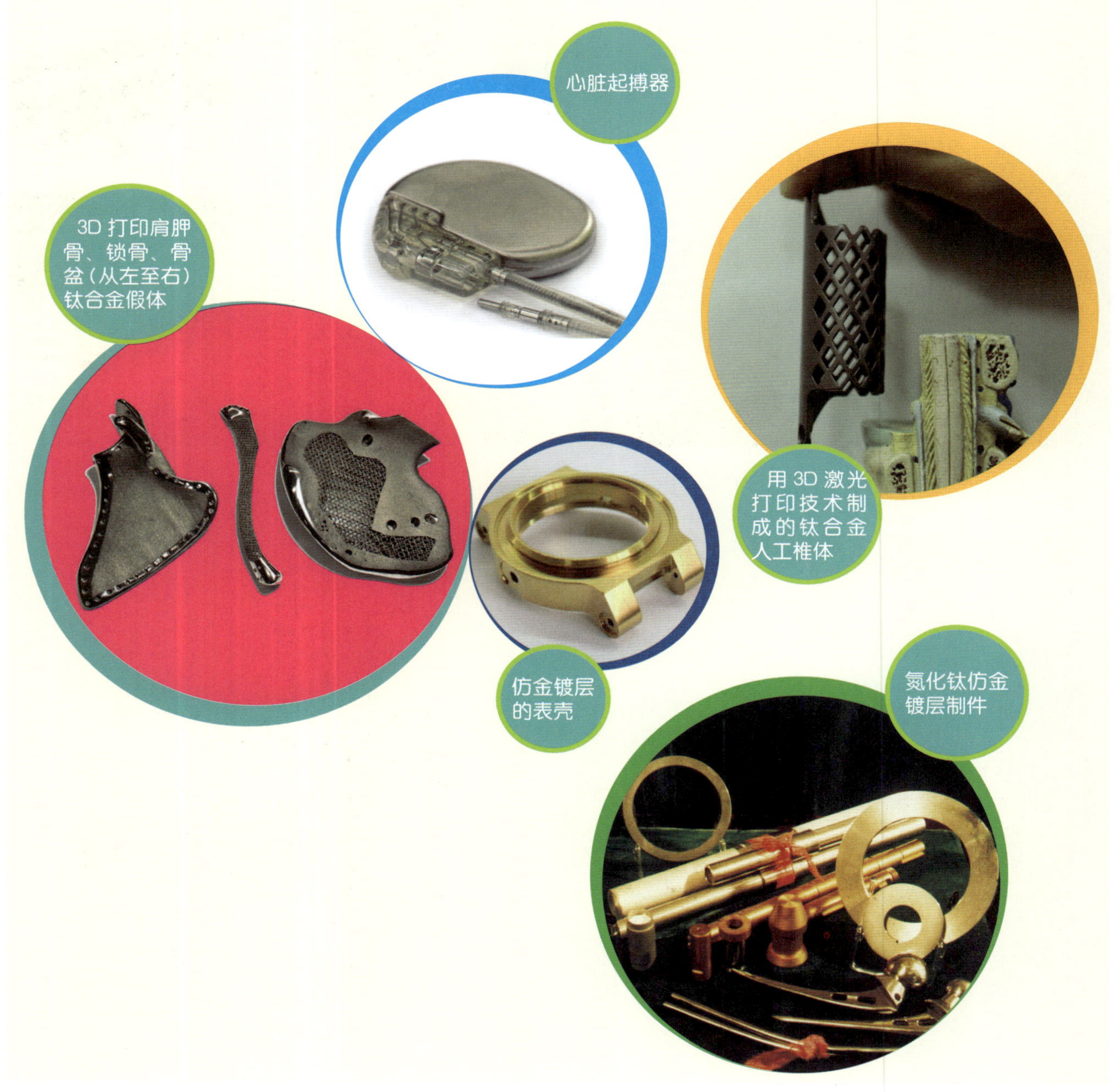

钛镍合金具有记忆功能。在外力使其形状扭曲之后，它居然能在适宜的温度下恢复成当初的模样。

1969 年 7 月 20 日，美国宇航员乘坐“阿波罗”11 号登月，首次在月球上留下了人类的脚印，并通过一个直径数米的半球形天线向地球传送信息。这个天线所用材料就是具有形状记忆功能的钛镍合金。较低温度时，这种材料可弯曲，可折叠。登月后，经太阳一晒，天线就如孔雀开屏般地舒展开自己原本的模样。

这类金属的“记忆力”实际是由它在不同温度范围的晶体结构决定的。从微观上看，这些金属原子就像是参加集体舞表演的艺术家，在特定的温度下凸显最富魅力的造型，而在某些温度下，它们又可以自由变形。并且，记忆金属的组成及比例不同，其转变的温度范围也不同，人们可以根据需要制得相应温度变化范围的记忆合金。

形状记忆合金可应用于管道连接或制成弹簧收缩式感温驱动装置，应用于消防器材等

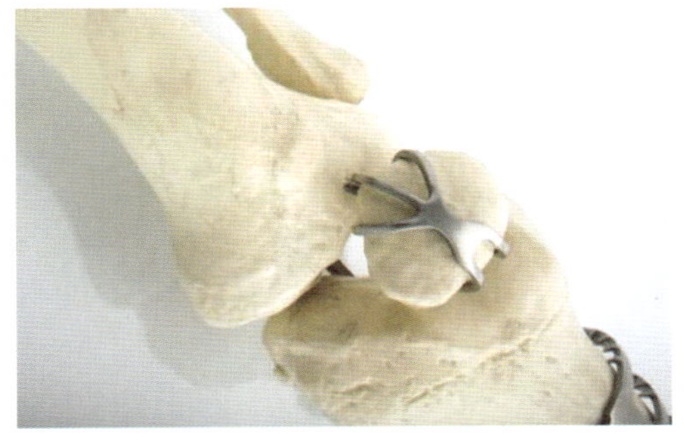

具有记忆功能的钛合金髌骨爪，用于固定患者发生碎裂的髌骨部位，帮助恢复其生理功能

碳氏兄弟

碳原子个子不高，体重不大。原子核中只有 6 个带正电荷的质子，加上为数不多的中子，其质量数也只有 12 ~ 15，在原子世界属超轻量级。

碳原子核外的 6 个电子分布在两个电子层，第一层（最内层）有 2 个电子，另 4 个电子主要运动在第二层。如果形象地将碳原子喻为一只章鱼，最外层 4 个电子就是它长有吸盘的 4 条腕，在形成单质或化合物时可以变着花样从不同方向将其他原子牢牢地吸到自己身边。

在朋友圈里，碳原子是结合其他原子能力最强的超一流高手，人缘特好，所以绝大多数化合物中都有碳原子的身影。但它处事低调，不张扬（化学上叫作“性质不活泼”）。

碳元素可以通过碳原子间的不同结合方式，形成多种性能各异的单质。如金刚石、石墨、足球烯等。这些由同一种元素形成的不同单质，在化学上互称同素异形体。

金刚石的魅力源自哪里

金刚石的身世就是一部童话。人类所见的天然金刚石最早大约诞生于33亿年前，曾在地下深处(130 ~ 180千米)经历千锤百炼(约2000℃、10^7千帕)结晶而成，后来又被火山喷发的熔岩带至地球的浅表层，或伴随河沙辗转迁徙到我们身边。当然，也有的金刚石是外星送来的礼物。

纯净的金刚石是无色晶体，含杂质则显黄、蓝、红、褐、黑等色，在阳光下会闪烁出迷人的光彩。

金刚石是自然界中硬度最大的物质，熔点极高，传热性远远超过银、铜等金属。其电阻很大，在电路中有“一夫当关，万夫莫开”之勇。

金刚石磨削工具

金刚石

金刚石的化学性质极稳定，常温下，强酸、强碱和绝大多数氧化剂都难破它金刚之身。再加上它是来自地球深处的罕见之物，就显得尤为珍稀、高贵。于是在经过精雕细琢之后，就有了“钻石恒久远，一颗永流传”的独特风韵。

晶体结构——金刚石的魅力之源

晶体内每个碳原子都与相邻的四个碳原子构成正四面体，且都处在对应的正四面体中心，相邻碳原子之间都以强有力的“腕”吸引着对方，从而使每个碳原子既是所在空间的主角又是相邻空间的配角，这是一种能创造神奇的梦幻组合，难怪金刚石无坚不摧！

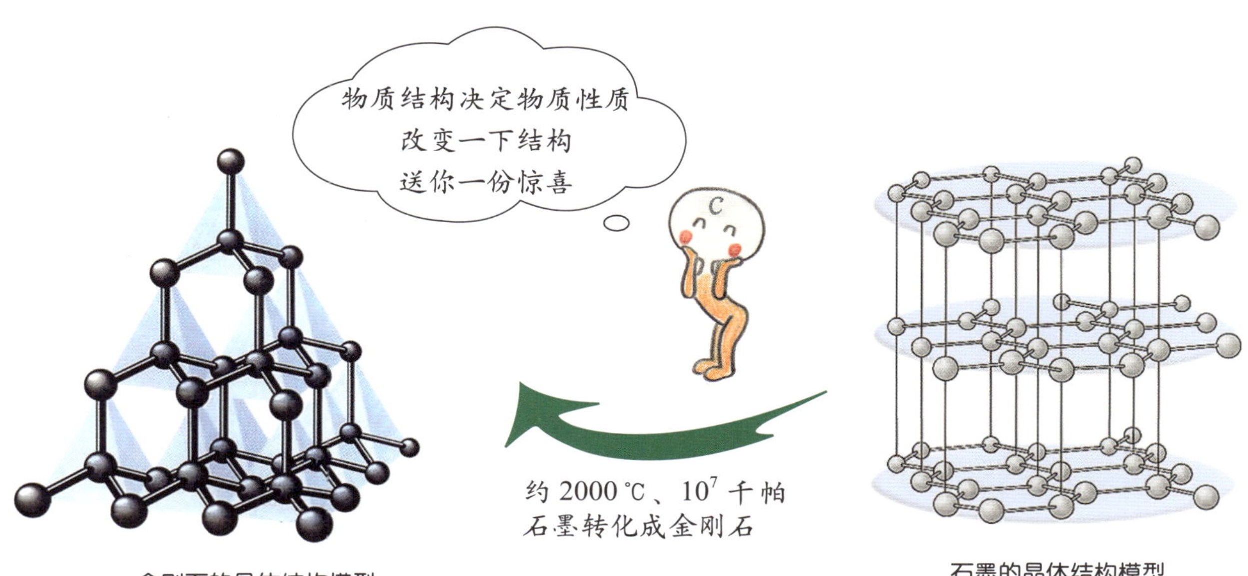

金刚石的晶体结构模型

石墨的晶体结构模型

想一想

石墨转化成金刚石属于物理变化还是化学变化？

20 世纪 50 年代美国通用电气公司率先开启用石墨合成金刚石的工业之路。从此，金刚石开始走下神坛。

随着生产工艺的不断革新和金刚石薄膜的面世，其应用也逐渐由钻探、切削、打磨工具拓展到半导体电子装置、光学和声学装置。如果相机镜头有金刚石膜保护，不仅透光性好，还不用担心被擦坏。

21 世纪，中国已成为全球最大的单晶金刚石生产国。

石墨的故事

石墨，顾名思义，是一种可以舞文弄墨的石头。它质软，滑腻，有半金属光泽，呈铁灰至黑色。铅笔芯就是用石墨和黏土按比例混合而成。日常所用墨汁，也是以炭黑（含细微的石墨颗粒）、胶料、水等调制而成。一些古今著名的书画大家多擅长以墨色的凝重、淡雅、飘逸、风趣来彰显万物之灵。在陪伴人类的数千年中，石墨似乎也乐此不疲，未曾在其他方面有大的作为。

石墨是一种由碳原子形成的单质

19 世纪电气时代的到来使得石墨的安逸成了历史。其优良的传热、导电性，超强的耐高温、抗腐蚀能力陆续引起了人们的关注，而廉价的成本更是令电气、冶金工程师和厂商宠爱有加。火热的熔炉也成为它的常去之地。

20 世纪原子能工业和航天工业开启之后，石墨一次又一次引发冲击波。

1945 年日本广岛上空那一声巨响，全世界都为之震颤，人类领教了原子能的巨大威力。随后，越来越多的科学家和有识之士投入到原子能的和平利用事业之中。人们发现，石墨可以用作核反应堆的中子慢化剂和燃料区周围的反射层材料等，对核反应的可控性起着重要的作用。

石墨核反应堆

1961 年，苏联“东方”1 号飞船首次实现了载人太空飞行的梦想。目前在轨运行的国际空间站预计 2024 年退役，届时中国可能成为全球唯一在太空拥有空间站的国家。50 多年来，人类航天器已经数百次往返于太空与地球之间，在穿越大气层时极少发生烧毁事故，其中最为关键的材料就是石墨隔热瓦！这不仅仅是因为石墨是强悍的耐高温材料，而且兼有其他材料无以替代胀率低、强度大、质轻体薄等优点。

手机上的导热石墨膜

21 世纪的信息技术变化之快，感觉用“日新月异”来形容都不够贴切。像手机、电脑这些时尚装备都朝着超薄化、多功能方向发展，但高速运转的芯片如果离开了导热石墨膜，恐怕立马就会死机。近年来，石墨烯的出现，更是大有将石墨从后台推向前台之势。

这一切，都源自石墨晶体的特殊结构！

石墨怎么成了航天飞机上的“隔热瓦”

小时候，我们曾惊讶于夜空中流星那绚丽的一瞬，之后才知道，那是又一位天外来客穿越大气层时在燃烧。那么，航天飞机是如何从太空安全返回地球的呢？

石墨的晶体结构可以帮助我们寻找这个问题的答案。

石墨晶体是一种典型的层状结构，同层的平面与垂直结构差异很大。

同层平面上，每个碳原子至少占据着一个正六边形的顶点，其最外层 4 个电子中有 3 个电子分别与相邻的 3 个碳原子紧密结合，还剩 1 个电子为同层碳原子共用，相当于加了一道“绑定”，这种构型使石墨层面结构的强度超过了金刚石。所以，自然界中石墨是熔点超过金刚石的唯一物质。同层碳原子间共用的电子因为自由活动空间大，相当于金属中的自由电子，所以石墨又具有良好的传热、导电性。

不同层碳原子之间的距离较大，是靠分子间作用力结合。以致在受外力作用时，容易发生层间滑动，所以石墨质软、有滑腻感，可作轴承的润滑剂。但是，如果石墨晶体纯度高，整体结构规则，且外力是垂直作用于晶体层面而不是作用于层间，那么石墨的强度将比金刚石还高。

石墨晶体对热和电的传导也表现出各向异性的特征。有研究数据显示，石墨晶体水平方向比垂直方向的导热能力高出近 40 倍，比纯银的导热能力也高出 3 ～ 4 倍。所以，石墨片用于电子产品散热的同时对相邻的电子元件能够起到一定的隔热作用。

航天飞机外层的隔热瓦有多种类型，石墨隔热瓦是目前耐高温性能最好的复合材料，除了质轻体薄、熔点高之外，它还有一项特异功能：在 2000℃以下，其强度随着温度升高而增大，而其他轻质合金和许多陶瓷材料在同样温度下会软化或分解。所以，石墨隔热瓦总是被安置在耐温要求最严酷的地方。为避免高温下石墨遇空气燃烧，有多种防护措施，比如石墨隔热瓦的外层都覆盖有抗氧化的涂层，可以阻断石墨与空气的接触，起到保护作用。

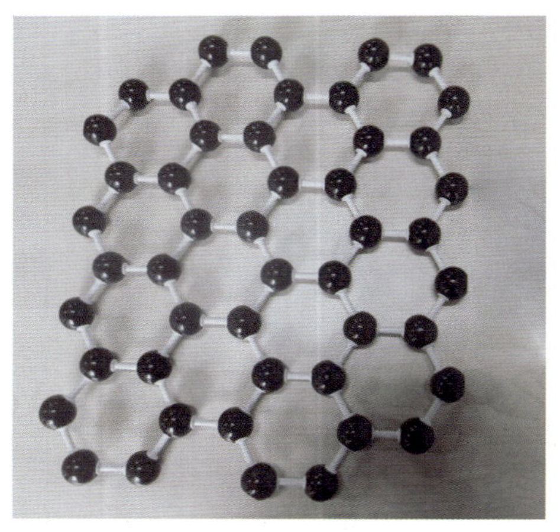

在石墨的一个层面上，由碳原子构成稠密的六元环向四周平移

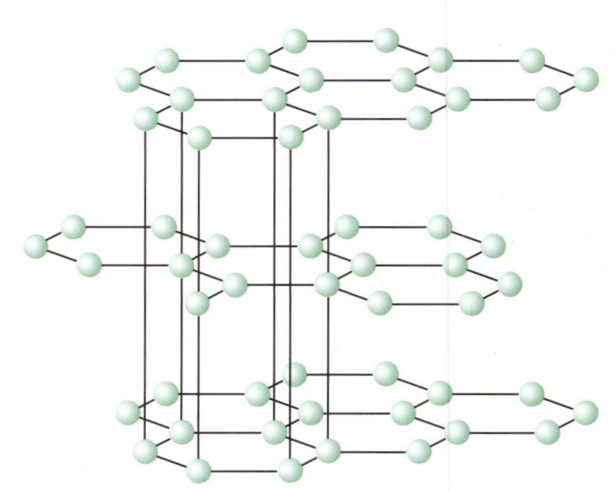

石墨的晶体结构模型

在花蕊上舞蹈的“碳海绵”

2013 年 3 月，浙江大学的一个科研组研制出一种超轻物质——“碳海绵”，密度为 0.16 毫克/厘米^3，比氦气还要轻。娇嫩的花蕊可以轻松地将茶杯大小的“碳海绵”托举在空中，收放自如。

“碳海绵”又叫全碳气凝胶，具有不规则的极细微的石墨结构，如同空中被凝固的烟，内部有很多微小的孔隙，可以吸收数百倍于自身重量的油，且吸油速度快、不吸水，再加上它富有弹性，压缩 80% 以上空间仍能恢复原状。因此，若遇到海上原油泄漏，这位“海绵宝宝”将是防控污染、降低损失的一流高手。

“碳海绵”还具有很强的隔热保温能力，可以吸波以及屏蔽电磁波。所以，作为理想的储能保温材料、吸波材料、催化剂载体及新型复合材料，有着广阔的应用前景。

碳的单质中还有一些无定形碳，如木炭、焦炭、炭黑、活性炭等。其共同特征是，都含有细微的石墨晶体，杂乱堆积，且含有少量杂质。但因来源不同，在组成、形态上又各有差异。分别在空气净化、物质脱色、冶金、油墨、化工生产等方面展示着各自的才艺。

	形态	应用
木炭	褐色或黑色，结构疏松	燃料、火药
焦炭	灰黑色，质松	冶金
炭黑	黑色粉末、质轻	炭电极、油墨、化工填料
活性炭	黑色粉末、柱状、球状、无规则颗粒装	净化气体和水质、液体脱色、化工催化剂及载体

“碳”为观止：薄如保鲜膜的石墨烯竟能托起一头大象

石墨烯是一种二维原子晶体，将石墨中的单个层面“复制”下来就可以得到石墨烯。晶体内所有碳原子都规则地排在同一个层面上，每个碳原子都拿出 1 个电子为整个晶体中的碳原子共用。不同于石墨的是，这些共用的电子不再受相邻层碳原子的干扰，从而使石墨烯的强度、韧性、传热性和导电性具有了更好的表现。单层石墨烯薄膜的厚度只有 0.335 纳米，因此它彻底改变了石墨传统的僵硬形态，异常柔和，可以完美地展示任意的曲面。

用高导热超柔性石墨烯膜折叠而成的“千纸鹤”

把 20 万片这种薄膜叠加到一起，也只有一根头发丝那么厚，其强度却胜过钢材。有一个形象的比喻：将一张薄如保鲜膜（约 100 纳米）的石墨烯固定在钢架上，要想用一支金刚石做的“铅笔”戳穿它，就需要有一头大象般的重物压在“铅笔”另一头才行！

涂抹了石墨烯涂层的飞机发动机叶片。该石墨烯涂层具有耐高温、隔热、耐腐蚀等特点，可抗高温 1500℃

而石墨烯不寻常的导热、导电性能有可能引发电子、航天器材的革命性突破，未来的手机、电脑有可能只是一片可卷曲的透明胶片！

2010 年诺贝尔物理学奖颁给了英国曼彻斯特大学的两位学者——A. 海姆和 K. 诺沃肖洛夫，以表彰他们于 2004 年率先以开创性实验获得了“完美的原子晶格”——石墨烯，并进行了分离、认定和分类，也为二维空间材料的研发展示了一个美好的前景。

重庆石墨烯研究院工作人员展示“石墨烯柔性透明键盘”

正当各路精英对石墨烯材料的研制大显身手的时候，海姆团队又宣布了他们一项新的研究成果，就是那些剥离石墨烯后被遗弃的石墨残渣，其特殊的微观结构使它们有望成为海水淡化、气体分离的新型材质。

科学并不神秘，研究没有止境。关键是要有想法，并努力付之于行动！

石墨烯的故事才刚开头

二维晶体在过去只是理论上的一种描述，很少有人想到要做，更不曾有人做出来，因为这事儿太高端了。传统观点认为，二维晶体难以在自然界中稳定存在。直到 2004 年石墨烯的问世，不仅证明二维晶体能在自然界中稳定存在，竟然还是用普普通通的胶带撕出来的，简直不可思议！

当初，海姆只是想试试，看看胶带能不能从石墨上撕出一个单层的晶体，因为这样做只需要克服石墨内部层间的分子间作用力。他不能确定这样做的结果，但觉得好玩，于是就与博士生诺沃肖洛夫一起动手做了。结果玩出了一个诺贝尔奖。

玩，是一种享受！与功利无关，也应该与虚荣无关。只有对科学执着地爱进了骨髓的人，才有可能把寂寞晾在一边，在科学的伊甸园里玩出花样，玩出智慧！

假如上面的实验只是停留在“撕”的阶段，海姆就只是个贪玩的“小男孩”，因为当时中小学生用胶带撕掉作业本上写错的内容已经司空见惯。实际上，他俩还做了许多：将粘在胶带上的石墨烯转贴到特制的硅片上（这时难免会混入许多石墨碎渣），然后用溶剂溶解胶带，再用光学显微镜等精密仪器寻找规则的石墨烯晶片，测定其结构和性能。

终于，初战告捷！

石墨烯的发现，让人们看到了开发二维空间材料的曙光，但这仅仅是万里长征迈出了第一步。尽管打着“石墨烯”标签的产品广告席卷市场，但实际上，石墨烯要实现工业化生产还有待时日。化学热解法是目前相对成熟的一种生产方法：将碳化硅晶体加热到 1600℃，蒸发掉其中的硅原子，再重新排布剩下的碳原子来获取。这种方法在理论上很完美，实践上有基础，只是那些碳原子和硅原子不算很听话，还需要完善与它们沟通的渠道。

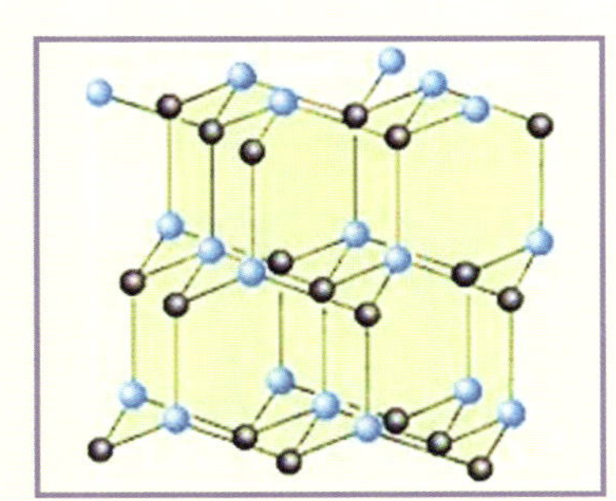

碳化硅的晶体结构模型

碳纳米管：追梦者的分子工具

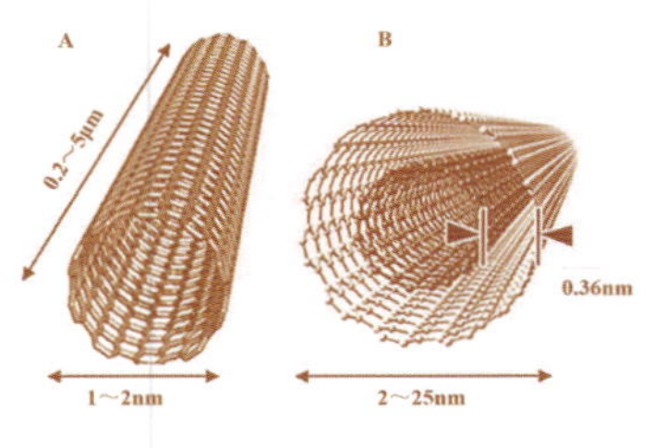

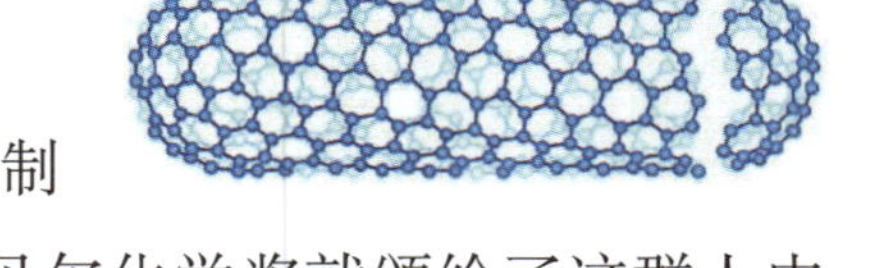

碳纳米管可看作是石墨烯卷曲而成，有多种形态，如单层、多层、直型、蛇型等，直径一般为 1 ～ 20 纳米。因为在结构上既有芳香族有机物的骨架，又具有吸纳无机物分子或离子的基础，从而不仅有了类似石墨烯的强度，优良的传热、导电性以及与其他物质化合的能力，其弯曲的管状结构使碳纳米管相对石墨烯在弹性上又胜一筹。

世界上，有那么一群追梦人，希望主导分子的运动行为，制造出分子机器，这涉及一个全新的超分子领域。2016 年的诺贝尔化学奖就颁给了这群人中的代表：法国的 J.-P. 索瓦日、英国的 F. 斯托达特和荷兰的 B.L. 费林加。

碳纳米管可望用于制造坚韧的复合材料、储能材料、纳米电子学器件、纳米级的化学反应容器，也是制造分子机器的理想工具之一。

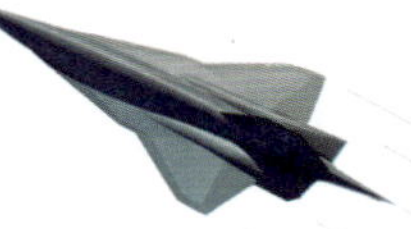

碳纤维：让“声音”不再猖狂

“声音”从来不曾担心会被飞机超越，因为一旦超过声速，飞机与大气摩擦所产生的高温就会使它身上的金属骨架瘫软，然后在“声音”的狞笑中被撕裂，直至燃烧起来。

可谁曾想，时代变了，飞机也变了。如今的超声速飞机 30 秒钟就可以将声音甩到 10 千米开外，落在后面的“声音”只能眼睁睁地看着飞机消失在云海之中。

原来，现代的超声速飞机不仅有了性能优良的发动机，还有了能够耐高温的碳纤维增强复合材料。在无氧的情况下，碳纤维可以在 3000℃左右持续稳定地保持良好的性能，其强度超过常见的钢铁，而密度比铝合金还小，从而大大提高了飞机的承载量和机动性。

碳纤维主要是以聚丙烯腈或沥青为原料炭化制得，是当代发展速度最快、前景最好的结构材料之一。它具有强度大、密度小、耐高温、耐腐蚀、自润滑等优异性能。

碳纤维已经在航天、航空、航海、汽车、自行车以及化工、医疗、体育器械等领域有着越来越广泛的应用。

C_{60}：世界上最小的“足球”

C_{60}，球碳中最重要的一种分子，60 个碳原子构成 12 个五元环面和 20 个六元环面，所有碳原子所处环境一致，长得一个模样。因造型完美，酷似足球。故又称“足球烯”。C_{60} 属于碳元素的一种单质。室温下的 C_{60} 晶体为棕黑色，分子的直径约为 0.71 纳米，近乎真实足球的 3 亿分之一。这个比例就如同足球与地球的相对大小。

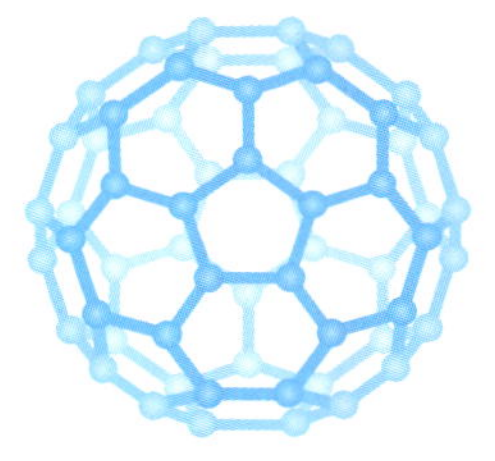

C_{60} 分子的球棍模型

C_{60} 分子的结构示意图

足球

1985 年，英国化学家 H.W. 克罗托等人在氦气流中以激光汽化石墨实验中首次发现一种碳原子簇分子 C_{60}，并在研究其分子结构时受加拿大蒙特利尔世博会球形建筑的启发，描绘出 C_{60} 分子的球状结构，而后的检测又证实了这种结构的真实性。由于这个场馆是建筑学家 R.B. 富勒设计的，所以 C_{60} 又被称为巴基球或富勒烯。

与 C_{60} 一起被发现的还有 C_{70}，后来又陆续发现了 C_{44}、C_{50}、C_{80}、C_{120} 等系列由偶数个碳原子构成的球形或椭球形分子，统称为球碳。

1996 年诺贝尔化学奖授予了球碳的发现者克罗托、R.F. 柯尔和 R.E. 斯莫利三人。

C_{60} 的结构决定了它异常圆滑的性格。不仅可望成为超级耐压的润滑剂，做分子机器的万向轮也是个不错的想法。C_{60} 在形成化合物时，既可以向其他物质提供电子，也可以从其他物质那里得到电子，于是就有合成性质多样性的物质空间。比如，C_{60} 与金属 K、铷（Rb）、Cs 分别按 1:3 形成的化合物 K_3C_{60}、Rb_3C_{60}、Cs_3C_{60} 可以成为高温超导材料，而 K_4C_{60} 却是绝缘体。C_{60} 的衍生物在光学、磁学、医疗方面也有着诱人的应用前景。

我们真是自己吃的东西做的吗

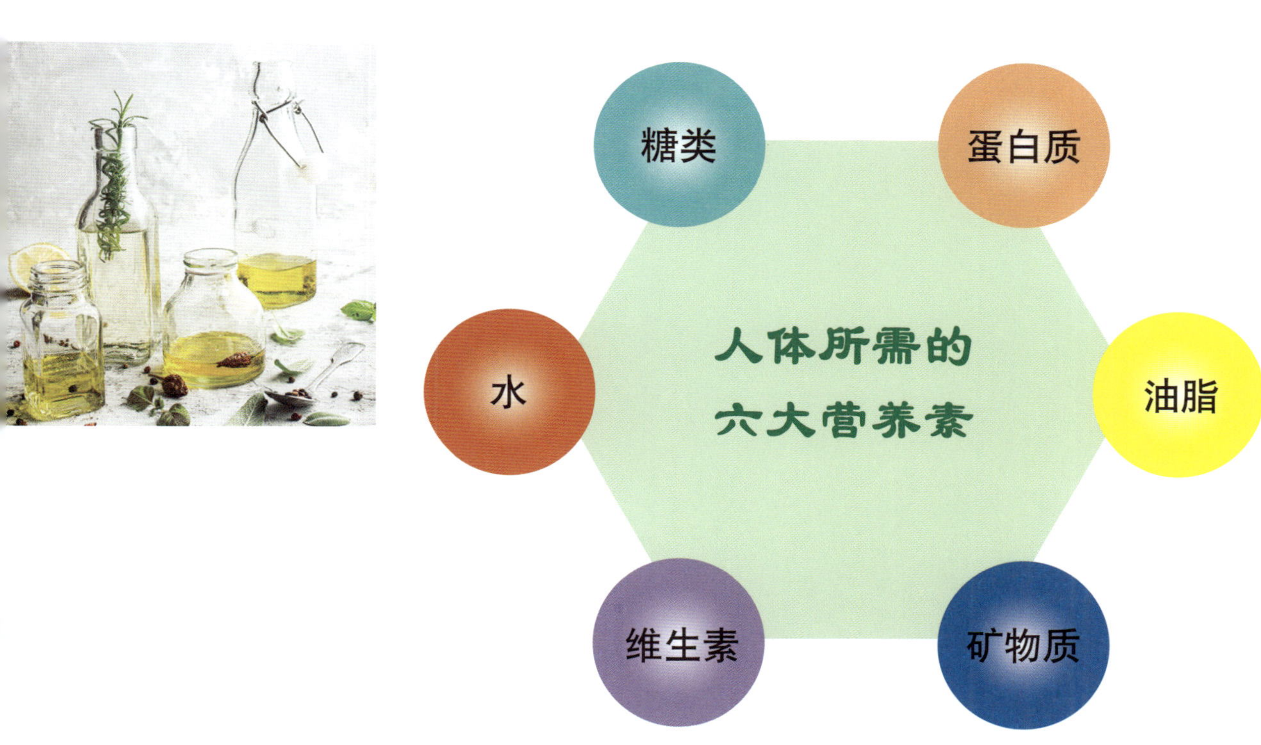

我真是自己吃的东西做的吗？

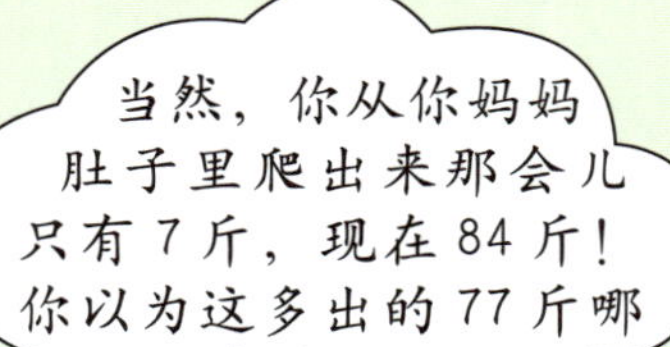
当然，你从你妈妈肚子里爬出来那会儿只有7斤，现在84斤！你以为这多出的77斤哪儿来的？

不是我长的吗？
如果不吃东西，你能长吗？

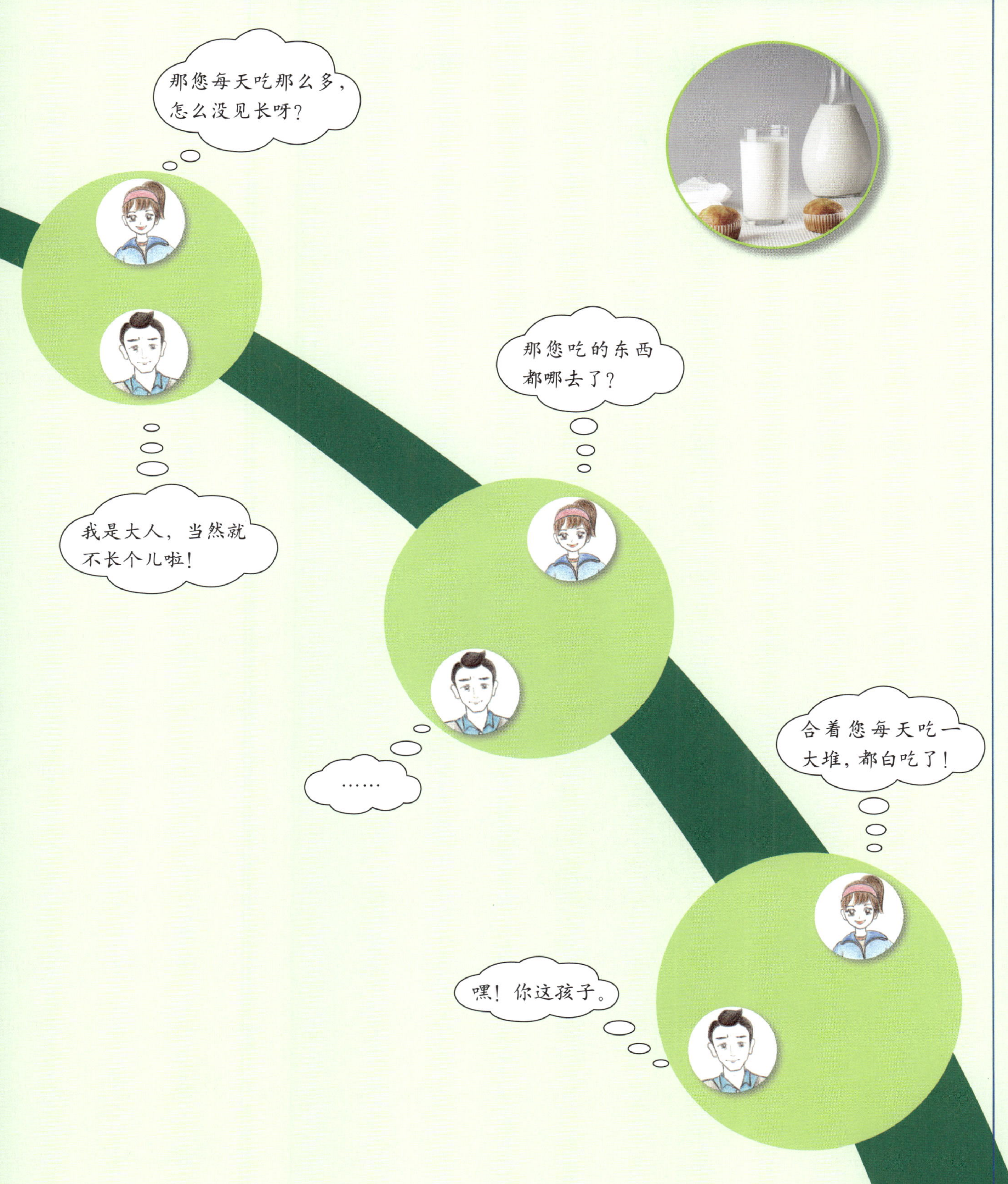
那您每天吃那么多，
怎么没见长呀？
我是大人，当然就
不长个儿啦！
那您吃的东西
都哪去了？
……
合着您每天吃一
大堆，都白吃了！
嘿！你这孩子。

蛋白质藏哪儿了

蛋白质是生物的精华，是生命活力的载体。细胞、组织和机体结构的主体都有蛋白质，生物体内的每一项活动都离不开蛋白质。

人体中功能各异的蛋白质高达数万种，其含量仅次于水，占体重的 15% ~ 18%。组成蛋白质的元素主要有碳、氢、氧、氮以及少量硫等。蛋白质分子结构极其复杂，相对分子质量从几万至几百万不等。由于人体新陈代谢，每天都会有一部分蛋白质被水解、被氧化，最终转化成尿素、二氧化碳和水排出体外，因此需要及时得到补充。

肉类是食物蛋白质的主要来源。像牛、羊、鸡、鸭肉的蛋白质含量为 14% ~ 20%；鱼虾蟹贝中的蛋白质含量为 10% ~ 20%；鸡蛋中的蛋白质含量约 14.7%；牛奶中蛋白质含量大约为 3.3%，奶酪是牛奶提取奶油并浓缩后形成的凝胶，蛋白质含量可高达 30%。

成人每天蛋白质的需求量约为体重的 1.2‰。

物类	蛋白质含量（100 克）
谷物（大米、面粉、玉米等）	7% ～ 15%
豆类（大豆、蚕豆、绿豆等）	20% ～ 40%
食用菌（干蘑菇、酵母等）	19% ～ 53%
坚果（杏仁、腰果、核桃等）	13% ～ 35%

蛋白质是多种氨基酸组成的高分子，在自然界中已知有几百种氨基酸，而真正能合成蛋白质的只有 20 多种。供食用的蛋白质也并非被人体直接利用，而是要通过人的消化系统，先将它们撕成氨基酸碎片，然后再重新合成我们身体所需要的蛋白质。这才是我们食用蛋白质的真正目的。

吃饭＝吃糖吗

“吃饭了吗？”曾是人们常用的见面语。人世间最平常的事莫过于家常便饭，而最不能怠慢的事也是“饭”。因为“饭”是维系人体生命活力的能量，广义的“饭”就是粮食。在社会层面的“吃饭”问题，自然是件大事。不过，以大多数人的习惯，平时所说的“饭”常常指的还是大米饭。

吃饭等于吃糖吗？没错，大米质量的 74% ~ 80% 是淀粉，淀粉就是糖。我们在超市购买食品，包装上都有一个“营养成分表”，其中的“碳水化合物”就是各种糖的总称，包括淀粉 $(C_6H_{10}O_5)_n$、蔗糖 $(C_{12}H_{22}O_{11})$、麦芽糖 $(C_{12}H_{22}O_{11})$、葡萄糖 $(C_6H_{12}O_6)$、果糖 $(C_6H_{12}O_6)$ 等。

某品种大米营养成分表

项目	每 100 克	营养素参考值%
能量	1482 千焦	18%
蛋白质	7.3 克	12%
脂肪	1.2 克	2%
碳水化合物	77.5 克	26%
钠	0 毫克	0%

在天然糖类中，果糖最甜，其次是蔗糖、葡萄糖、麦芽糖。西瓜中的含糖量不高，却很甜，就是因为其中果糖所占比例相对较大。淀粉和纤维素虽然属于糖，但没有甜味，且纤维素也不能被人体消化。淀粉经过咀嚼变成麦芽糖后，才会有甜味。饴糖就是以大米、小麦、粟或玉米中的淀粉为原料制成的麦芽糖浆（或称麦芽糖饴）。

碳水化合物，是在生物研究中形成的一个概念。起先，人们发现糖类物质有一个共同特征：不仅都由碳、氢、氧三种元素组成，并且除碳原子外，剩余的氢、氧两种元素的原子个数正好是2:1，可用通式 $C_n(H_2O)_m$ 来表示（式中 n 和 m 可以相同，也可以不同），就像是碳的水合物。因此，将各种糖类物质统称为碳水化合物。可后来发现，有些化合物在分子结构和性质上应属于糖类，在组成上却不符合通式 $C_n(H_2O)_m$，比如脱氧核糖（$C_5H_{10}O_4$）、鼠李糖（$C_6H_{12}O_5$）等。而有些符合通式 $C_n(H_2O)_m$ 的化合物却又不具备糖类物质的性质，比如甲醛（CH_2O）、乳酸（$C_3H_6O_3$）等。显然，用“碳水化合物”表示糖并不准确。但大家约定俗成，也就将错就错了。

油脂的组成及功能

我们的一日三餐都离不开油脂，炒、煎、拌、炸，令各类菜肴色鲜味美。

油脂包括植物油和动物脂肪。

常见的植物油有大豆油、花生油、菜籽油、葵花籽油、棉籽油、香油（或芝麻油）、玉米胚油、油茶籽油、米糠油、橄榄油等。

调和油一般以大豆油、花生油、菜籽油、葵花籽油、棉籽油为主要原料，经过脱酸、脱色、脱臭调和而成。烹饪时，可熘、可炒、可油炸，也可凉拌。

富含油脂的坚果也很多，如松子仁、核桃、长寿果……

富含油脂的坚果

无论是植物油还是动物的脂肪，都属于高级脂肪酸甘油酯。

高级在哪儿？高级在于所含脂肪酸分子内碳原子数多（不少于 10）。

既然都是高级脂肪酸甘油酯，为什么植物油一般呈液态，而动物的脂肪呈固态？

因为植物油含不饱和高级脂肪酸较多，而动物脂肪含饱和高级脂肪酸较多。二者的差异在组成上表现为不饱和高级脂肪酸含氢原子数相对较少，这种组成上的差异必然会反映到物质的结构和性质上。

脂肪酸	化学式	熔点（℃）
硬脂酸	$C_{18}H_{36}O_2$	71.2
油酸	$C_{18}H_{34}O_2$	16.3
亚油酸	$C_{18}H_{32}O_2$	–5

显然，上表中这三种脂肪酸除了分子内氢原子数依次相差 2 个外，其他元素的原子数目都相同。而其熔点随着分子内含氢原子数的减少，熔点依次降低，这就是规律。因为这些脂肪酸分子在结构上随着氢原子数的减少，其体积反而“胀”大，使分子间作用力减小，所以熔点相对降低。这也是为什么植物油一般呈液态、动物脂肪一般呈固态的主要原因。

油脂作为食品，对人体健康的作用主要是提供能量，但与糖类提供能量的方式有所不同。形象地说，糖类物质就像是你手中的现金或是活期存款，可以随用随取；而油脂就像是你的定期存款或定期投资，需要有一定时间或办理稍复杂的手续才能提取。但千万不要过度摄入油脂，引起身体肥胖甚或引发心脑血管疾病可就麻烦了。

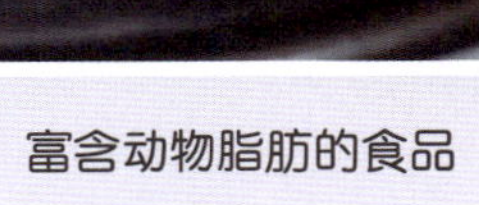

富含动物脂肪的食品

维生素 A、B、C……

维生素是生物正常生命现象所必需的一类小分子有机物，且分为多个系列，如维生素 A、维生素 B、维生素 C……维生素 K 等。它们虽然含量极微，既不是构造生命的基础物质，也不负责给人体提供能量，却担负着维护人体健康的重要职能。

A

维生素 A 就像医院的护士，虽然不直接给患者诊断或动手术，却在医疗过程中有着不可或缺的作用。在维护人的视觉功能、皮肤健康等方面具有重要作用。

B

维生素 B 就像列车调度员，是列车有序运行的保障。在人体中主要协助食物释放能量，使神经细胞精力充沛，有效运作。

这维生素的作用真大耶。

C

维生素 C 就像小区保安，是居住区安全的卫士。它是一种抗氧化剂，又叫抗坏血酸。可提高人体免疫功能。

各种维生素都有其简写的名称，如维生素 A，可写成 VA；维生素 E，可写成 VE……

有的维生素系列有多种。如维生素 B 就有 VB_1、VB_2、VB_3……VB_{12} 等。

维生素 E 对人体健康的作用就如同运动员的营养师和体能师，能增强人的生命活力和免疫力，延缓机体衰老。

D

维生素 D 像高楼的建筑工，没有他们，再美丽的建筑物也只能留在图纸上。维生素 D 可协调人体对钙、磷的吸收，构建人的健康骨骼，体现健美身材。

还有好多没说呢！

维生素 K 和维生素 P 也很重要。

人体中的矿物质

人类对自身形体之美的赞誉无以复加，甚至曾经相信人的形象源于神。

而更为神奇的不是外形，是人的生命与智慧的呈现。在自然界近百种元素中，实现这一伟大创举的大约只是其中的 25 种元素。

碳、氢、氧、氮是生物体中构造有机物的主要元素，而对于其他元素，人们习惯称之为矿物质或矿物元素。矿物质在人体中的含量是由人体结构需求来决定的。

元素名称	元素符号	占体重的百分比 %
氧	O	65.0
碳	C	18.5
氢	H	9.5
氮	N	3.3
钙	Ca	1.5
磷	P	1.0
钾	K	0.4
硫	S	0.3
钠	Na	0.2
氯	Cl	0.2
镁	Mg	0.1

此外，还有一些含量低于 0.01% 的微量元素，如铁（Fe）、硼（B）、铬（Cr）、钴（Co）、铜（Cu）、氟（F）、碘（I）、锰（Mn）、钼（Mo）、硒（Se）、硅（Si）、锡（Sn）、钒（V）、锌（Zn）等。

人体如果缺铁，就可能出现贫血。

如果缺钙，儿童可能患佝偻病、老人出现骨质疏松；如果钙过量，则可能增加肾结石的风险。

如果缺碘，可能患甲状腺肿；如果碘过量，又可能导致高碘性甲状腺肿。

如果缺硒，可能患克山病；如果硒过量，又会出现硒中毒，导致肢端麻木甚至偏瘫。

钠是最牛的元素之一，因为它的影响力是直通心脏和大脑。钠不足，会导致心肌应激功能减弱，四肢乏力；如果钠含量高，又会引起高血压和心脑血管疾病。

……

矿物质也算营养素？难不成我们还得啃石头？

别担心，早有人帮你啃了。人体所需要的矿物质就在你的饮食中。但如果你偏食，那就说不好啰。

读懂食品包装上的营养成分表

营养成分表中通常列有 5 个项目及其营养参考值：**能量**、**蛋白质**、**脂肪**、**碳水化合物**、**钠**。它供消费者选购和使用食品时做参考。表中食品营养参数大多以每 100 克计量，也有按内包装中小袋计量（如 5 克、1.8 克等）。“营养参考值”是表中相关营养含量参照每日建议摄取量的比例，在了解食品营养计量时务必要注意。

对于血脂高的人，建议尽量选择脂肪含量较低的食品；对于糖尿病患者，尽量选用含碳水化合物少的食品；对于高血压患者，就尽量选择含钠较低的食品。其中的“钠”，是指存在于食品中的化合态的钠。

猜猜看：下面 2 份营养成分表，你能看出它们对应开心果、奶粉、蜂蜜、黄油中的谁吗？

项目	每100g	NRV%
能量	1860 千焦	22%
蛋白质	18.7 克	31%
脂肪	13.8 克	23%
碳水化合物	59.1 克	20%
膳食纤维(以低聚果糖、菊粉计)	3.2 克	13%
钠	330 毫克	17%

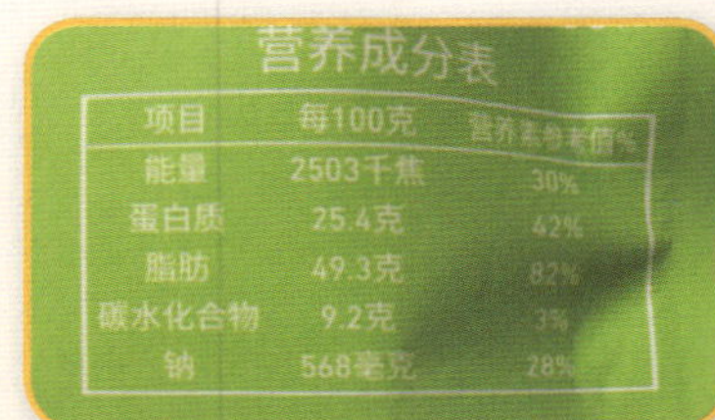

营养成分表

项目	每100克	营养素参考值%
能量	2503千焦	30%
蛋白质	25.4克	42%
脂肪	49.3克	82%
碳水化合物	9.2克	3%
钠	568毫克	28%

这个营养参考值不是100克该食品所含营养的总值，而是各项营养素相对人均每天对营养需求量的百分比值。

以蛋白质为例。一个体重为50千克的成人每天需蛋白质约60克，而每100克该食品中含蛋白质20.6克，约占全天蛋白质需求量的34%；53克脂肪则相当于人均全天对脂肪需求量的88%。这样一来，营养参考值之和不为100%，就是情理之中的事了。

黄油、氢化植物油与人体健康

黄油是从鲜奶中提取的固态乳脂，拥有天然浓郁的奶香。除油脂含量高外，黄油还含有多种维生素、胆固醇和矿物质等，营养较丰富，可用于涂抹面包或制作曲奇、面包等。

氢化植物油是用普通植物油在一定条件下与氢气反应制得的固态油脂，可塑性好，适于代替黄油制作各种花样造型的蛋糕等，用于烤制的糕点口感香酥，故又叫人造奶油。因价廉且保质期较长，颇受商家欢迎。但氢化植物油中反式脂肪酸含量较高，长期食用会促进动脉硬化、糖尿病，容易引发心脑血管疾病，危及人体健康。

绿色食品

A 级绿色食品标志　　AA 级绿色食品标志

绿色，生机的象征。一夜春风江南绿，正是生机勃发，春的写意。

食品营养、食品卫生关系到生活品质和人体健康。对于当前的环境污染和食品安全等问题，国家已经高度重视并采取行动。绿色不只是一道风景，更不是简单的一种颜色，而是人类奋斗的一面旗帜、一个目标！

绿色化学正在向我们走来，绿色食品应运而生。绿色，已成为安全与健康的代言人！

生活中的酸碱盐

生活中的酸、碱、盐随处可见，如醋、石灰、纯碱、石膏、食盐等。对我们日常的物质生活和文化生活都有着重要影响。

食物中的酸味从哪里来

人们对酸的认识，最初主要是来自味觉。中国几千年前的象形文字“酸”就是佐证：醋坛子旁边，有个人正龇牙咧嘴、膝酸腿软，将那个“酸”得不可名状的神态演绎得活灵活现。巧合的是，如果我们把英语单词中“sour”（酸味）的读音有意拉长加重，就很像这人被酸到牙根、倒吸凉气时发出“嘶——噢——”的声音。

其实，醋是一种美味调料。山西老陈醋经久不衰，除了晋商的精明之外，还因为这种醋是粮食酿造，不但含有醋酸，还含有多种氨基酸。适量的醋不仅可以去腥提鲜、解油腻，而且那“酸爽”更是爽得你胃口大开！

醋的酸味是由于醋酸分子在水分子的作用下，电离出 H^+，

$$\underset{}{CH_3COOH} \rightarrow \underset{\text{氢离子}}{H^+} + \underset{\text{醋酸根离子}}{CH_3COO^-}$$

H^+ 刺激我们舌头上的味蕾，就产生了酸味感。

许多水果有酸味，也是因为其中各种酸类物质电离出 H^+ 所引起的。例如，苹果酸（$C_4H_6O_5$）、酒石酸（$C_4H_6O_6$）、草酸（$C_2H_2O_4$）等。

对酸味过浓的食品常有两种调制方法：

一种是加适量的糖或乙醇，可降低酸味感。其中最具有代表性的是传统小吃冰糖葫芦。其主料山楂含有多种酸味颇浓的有机酸，正是白砂糖和冰糖水晶般地装裹，既保留了对人的味觉神经的刺激，又使得酸、甜、爽、脆的口感能为大多数人接受，还给人带来了视觉上的美感。

另一种方法是加入能消耗氢离子的物质。比如，做馒头或花卷时，因面粉在发酵过程中会产生一些有机酸，常常就加入少量小苏打（$NaHCO_3$）或苏打（Na_2CO_3），既可以除去酸味，同时产生的二氧化碳气体会形成一些微小的气孔，使面食富有弹性，松软可口。

接受盐酸洗礼的蛋白质

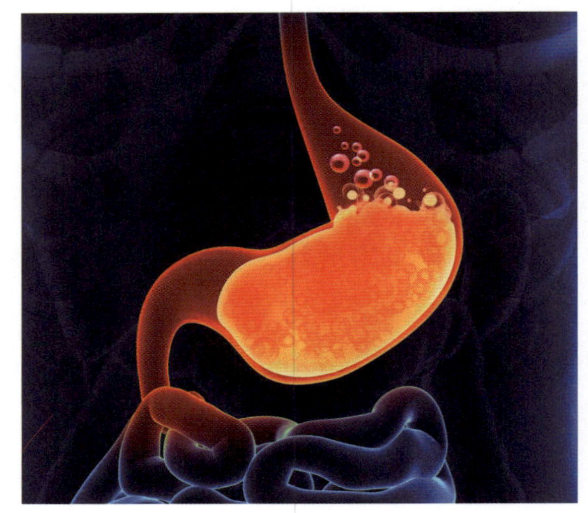

活跃在生物界中的数万种蛋白质，都希望有朝一日能跻身于高等生物组织,这被认为是一种荣耀。那么，这一过程在人体中是如何实现的呢?

起初，食物中的蛋白质经过人的口腔咀嚼，并没有大的变化，只是同行的淀粉大军在淀粉酶的催促下开始化整为零，逐渐转化成麦芽糖。像坐过山车般地通过食道后,它们进入了一个宽敞的“岩洞”,四壁在缓缓地蠕动，这里就是传说中的胃。

此前，这些蛋白质已经获悉，它们将在胃里开始为期 3 ～ 4 小时的整编，接受胃黏膜分泌的盐酸的洗礼。盐酸是各位氨基酸的远房亲戚，蛋白质是由多种氨基酸构成的，自然也与盐酸沾点儿亲。虽然盐酸的祖辈是无机界的分支，氨基酸的祖辈是有机界的分支，但同属于酸类物质。所以，盐酸愿意激活胃蛋白酶原并产生胃蛋白酶，帮助这些蛋白质实现从低等生物向高等生物组织的蜕变，并送它们进入小肠分解成各种氨基酸。最终，它们中的大部分将成为这座人体大厦的一分子。可见，盐酸的洗礼对蛋白质在人体中羽化成蝶发挥了重要作用。据说，它们当中最受人体欢迎的是八姊妹：甲硫氨酸、缬氨酸、赖氨酸、异亮氨酸、苯丙氨酸、亮氨酸、色氨酸、苏氨酸。

因为，这八姊妹的结构特殊，人体自身合成不了。所以，她们又被称作是人体必需氨基酸。

天上怎么会下酸雨

正常的雨水因溶有空气中的二氧化碳而略显酸性，是物质大循环的自然现象。但如果溶有二氧化硫及硫酸、硝酸等酸性物质，其酸度超出了自然调节能力，就会对地面生物、建筑物、土壤结构带来危害。这种雨，就是常说的酸雨。

近 100 多年来，伴随着工业的迅速发展以及人类生活对能源需求的急剧增加，使化石能源（煤炭、汽油、柴油、煤油等）作为燃料的消耗量也急剧增长。这就导致化石燃料燃烧时释放出大量酸性气体二氧化硫（SO_2）以及氮的氧化物（NO_x），这些氧化物在空中飘尘表面物质的催化作用下又转化成腐蚀性极强的硫酸和硝酸，对环境的破坏力难以估量。

因风化和酸雨而“垢面”的乐山大佛

被酸雨毁掉的森林

宁夏贺兰山岩画景区内著名的标志性岩画“太阳神”周围出现了较深的裂缝。由于不断受到温湿度变化、酸雨、微生物、泥石流等自然因素侵蚀，包括“太阳神”在内的 600 余幅岩画面临脱离岩体的危险

一个曾令世界折服的中国品牌

纯碱，又叫碳酸钠（Na_2CO_3），是一种白色粉末，易溶于水，在潮湿的空气中体积会膨胀，这是由于形成了结晶水合物（如 $Na_2CO_3 \cdot 10H_2O$）。它还有个洋名字叫“soda”，音译为苏打。

此刻，你是不是想到了一大堆美食？实际上，在糕点和苏打水中大多用的是苏打的弟弟——小苏打。

从组成上讲，纯碱不属于碱，而是一种具有碱性的盐。纯碱是化工的基石，应用于玻璃、造纸、纺织、染料等制造业，是化学常用试剂。日常生活中也可用在洗涤剂和食品加工等方面。

1926 年 8 月，中国自主生产的红三角牌纯碱首次登上国际舞台，并一举夺得美国费城万国博览会金奖。这一荣誉来之不易，首功当属于中国近代化工之父范旭东以及他领导下的以侯德榜为代表的科学家团队。

世界纯碱业的霸主英国卜内门公司曾竭力阻挠永利碱厂的创办，他们嘲笑中国人想制碱简直是异想天开，并在技术、设备上全面封锁，自诩在中国是攻不破的铜墙铁壁。当永利碱厂有望成功时，他们又趁范旭东和侯德榜遭遇暂时性困境之机，想假以投资控股来扼杀中国新兴的民族化工。而范旭东淡然回道：“贵国有个谚语，脚镣即使是金子做的，也没有人喜欢戴！”并在随后的四年中，范旭东以其超人的智慧一举粉碎了卜内门的市场围剿，令其垂下高傲的头颅，臣服于永利碱厂的门下，创造了世界商战史上以弱胜强的奇迹。

侯德榜

1937 年“七七事变”后，平津沦陷，日寇的铁甲抵近了家门。此时，日本人却虚伪地打着“中日亲善” 的幌子收购范旭东的碱厂、酸厂。可范旭东的态度是："宁可为工厂开追悼会，也决不与侵略者合作！"随后，便率领全体员工全力支援抗战，并举厂南迁四川。正是在那里，在日军轰炸的炮火中，侯德榜发明了"侯氏制碱法"，从而使中国的制碱迈进了世界前列。

更伟大的是，在抗战胜利后，范旭东和侯德榜积极将制碱新技术向世界推广，造福人类，充分展示了中华民族爱好和平的博大胸怀。他们以实际行动向世人昭示："我们中华民族有同自己的敌人血战到底的气概，有在自力更生的基础上光复旧物的决心，有自立于世界民族之林的能力！"

苏打三兄弟

苏打，通常为白色粉末，水溶液呈碱性，易与醋酸反应产生 CO_2 气体。

小苏打，又叫碳酸氢钠，白色粉末，水溶液呈弱碱性，在沸水中完全分解为 Na_2CO_3 和 CO_2。食用小苏打可用作糕点、饮料的添加剂。用作医药可治胃酸过多。

大苏打（$Na_2S_2O_3 \cdot 5H_2O$），又叫硫代硫酸钠、海波，无色晶体，水溶液呈弱碱性。在传统照相业中用作定影剂，可用作治疗皮肤病的医药。

碳酸钙的成材之道

故宫的汉白玉石雕

石钟乳

大理石雕塑

花状方解石晶簇

石笋

碳酸钙就是由钙离子和碳酸根离子构成的盐。存在于各种石灰岩中，形式丰富多彩。

方解石是主要含碳酸钙的矿石，有块状、粒状、钟乳状、晶簇状等多种集合体。纯净无色的方解石，即 $CaCO_3$ 晶体，又叫冰洲石，具有很高的双折射率和偏光性能，是制造光学仪器的高级材料。

大理石是由石灰岩经变质再结晶为方解石而成，因含杂质而呈多种不同颜色的花纹，多用作建筑材料。

汉白玉是一种纯度高的大理石，白色，质硬，是上等的雕刻和建筑材料。

石灰石是一种以方解石为主要组分的碳酸盐岩，含黏土、粉砂等杂质。呈灰色、灰白色或灰黑色、浅棕色等。多用于生产玻璃、水泥、生石灰及钢铁冶炼等方面。

钟乳石形成于石灰岩溶洞中。岩层中碳酸钙遇到溶有二氧化碳的水时，会生成溶解度较大的碳酸氢钙[$Ca(HCO_3)_2$]。而溶有碳酸氢钙的水从溶洞顶部渗出时，有的悬于洞顶，有的滴落洞底，由于压强突然变小或遇热，又会重新分解出碳酸钙和二氧化碳。因碳酸钙难溶，长年沉积，在洞顶就逐渐形成状如钟乳的钟乳石，在洞底就形成状如竹笋的石笋，若日久天长二者相连就形成了石柱。

珊瑚是珊瑚虫分泌出的外壳，主要以微晶方解石集合体形式存在，形似放射状或树枝状，是一种富有特色的装饰品。

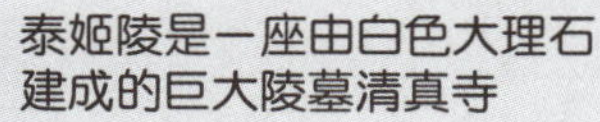

泰姬陵是一座由白色大理石建成的巨大陵墓清真寺

中国新一代远洋综合科考船“科学”号搭载的“发现”号遥控无人潜水器采集到的珊瑚

单体珊瑚

湖北省恩施土家族苗族自治州出产一种外表呈青灰色、内含形似菊花的白色方解石晶体的天然石头，人们称之为“菊花石”

《石灰吟》中的化学故事

试图将一首情感饱满、寓意深刻的诗文当作化学问题来解读，似乎有点不可思议，但作为介绍诗文背景素材来理解作者的胸襟应该是可以的。况且，对于同一事物，不同的人站的角度不同，理解可能大相径庭。同一个人在不同时期，对同一事物的理解也可能不一样。

《石灰吟》，相传是明代政治家于谦的一首托物言志诗，以表达作者为国尽忠，不怕牺牲的意愿和坚守高尚情操的决心。

作者所托之物是什么？无疑是石灰。可石灰的“清白”并非自然显现，而是经过剧烈的变化之后才展示出来。

“千锤万凿出深山”的石灰石并不白，因为除了 $CaCO_3$ 之外，还含有一些有色杂质。经过“烈火焚烧”得到的生石灰也不算白，因为原来混在石灰石中的杂质还有不少留在生石灰中。真正显示其“清白”是在彻底“粉身碎骨”之后，也就是生石灰经过水洗变成了熟石灰 [主要成分是 $Ca(OH)_2$]，各种有色杂质都被隔离在滤槽里，然后将这石灰刷在墙面上，你会发现墙面一天天见白，最终真的是洁白如雪。而这一过程正是熟石灰中的 $Ca(OH)_2$ 与空气中的 CO_2 作用使 $CaCO_3$ 重获新生的过程！

对于上面这些物质的变化过程，恐怕是作者本人也未曾意识到。但诗文能如此贴切地把物与情怀紧密关联在一起，应该也不是巧合，而是源自作者对事物变化的细致观察。

在这首诗中，作者要借用的正是物质变化过程中所表现的性质特征，以“烈火焚烧”“粉身碎骨”来表达为了国家、民族利益敢于直面任何艰难险阻的坚定意志以及“要留清白在人间”的人生价值观。他相信：污浊终将涤净，无私无畏的精神将会永生！

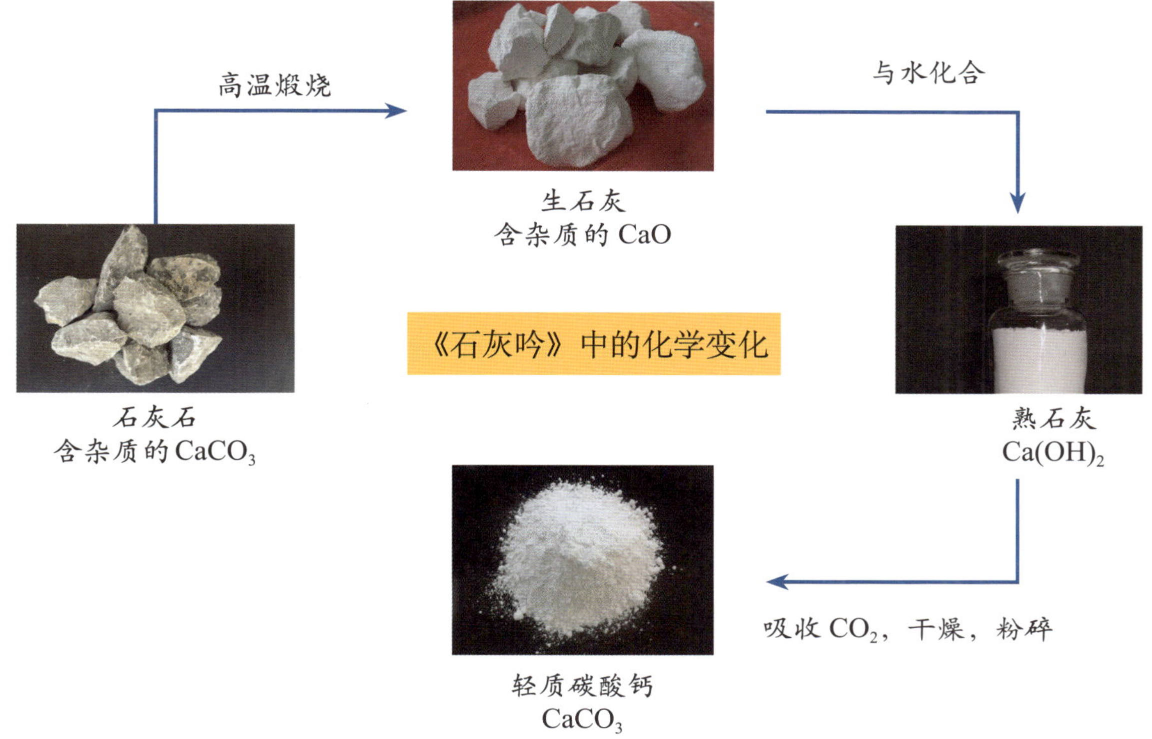

生石灰是一种碱性氧化物，主要成分是氧化钙。与水接触时，就像见到久别重逢的亲人，会异常激动，烟雾缭绕，并放出大量的热。这时可千万小心，一不留神，它可能会伤着你。也正是生石灰的这种性质，有些销售的食品包装中会装有一小袋生石灰作干燥剂，并标明：不可食用！

熟石灰是一种常用的碱，化学名叫氢氧化钙。可用于制糖、制革、制漂白粉和氢氧化钠等。冬天，在树干下部刷一层熟石灰，可以防虫。熟石灰是人类最早应用的胶凝材料，有些古城墙和石塔用石灰砂浆和糯米汁拌和黏结砖石，历经数百年，至今仍很坚固。

现代的室内装修，追逐材料的时尚是一种潮流，无可厚非。但是，传统的石灰粉墙，四白落地，也未必就是“俗气”。精致是一种风格，自然的粗糙也是一种风格。

碳酸钙是一种难溶于水的盐，白色固体，易与醋酸、盐酸等作用产生 CO_2 气体。碳酸钙主要源自石灰岩，而石灰岩是与地球生物亲缘关系最密切的矿物质，如今仍与地球上的生命活动息息相关。

精制后的碳酸钙是橡胶、人造革、造纸、油墨等工业中应用广泛的填料。在医药中则是骨质疏松患者的福音。

石蕊试剂的发现带给我们哪些启示

科学发现有时伴有偶然性，但偶然中常常蕴含着必然的因素。石蕊试剂的发现就是一例。

300 多年前，有位“怀疑派化学家”在花园中与人探讨“元素”的时候，他的实验室发生了一件奇怪的事：

实验中有几滴酸液溅到了一旁的紫罗兰花瓣上，当他拿起那束花试图抖掉酸液时，却发现更多的花瓣变红了。这让他感到有点失望，同时却闪现一丝疑惑：难道是酸使紫罗兰花瓣变红？于是，他又取其他几种酸液滴在花瓣上，果然出现了相同的现象。这时，一种预感令他顿时兴奋起来：有可能找到一种试剂能迅速地鉴别出物质的酸碱性！他赶紧找来其他花卉的叶、皮、根以及苔藓、地衣，提取液汁，分别检测它们在各种酸性和碱性溶液中的变化，最终选择了石蕊。因为石蕊在酸液中显红色、在碱液中显蓝色，在接近中性的溶液中显紫色，颜色变化与溶液酸碱性的对应关系最理想。一种能快速检测溶液酸碱性的试剂诞生了！发现它的人就是《怀疑的化学家》的作者——英国科学家 R. 玻意耳。

玻意耳

读过上面故事的朋友不知是否想过？

世间植物品种繁多，难道就没有一种遇酸碱颜色变化更明显一些的试剂吗？

当然有，比如紫甘蓝。

有人提取紫甘蓝的液汁，分别与不同浓度酸碱液作用，呈现出不同颜色（见下图）。看上去，这是一种更优于石蕊的酸碱指示剂。

假如回到玻意耳时代，他是否会选紫甘蓝汁作酸碱指示剂呢？我们不得而知。因为酸碱指示剂的选择一是为了便捷；二是颜色变化鲜明；三是与空气接触时比较稳定，便于保存，这些需要全面考证。

化学实验中禁止用舌头来辨别物质的酸碱性，因为许多酸碱具有强腐蚀性。现代科学有多种检测物质酸碱性的简便方法，如系列酸碱指示剂、pH 试纸，还有 pH 计等。

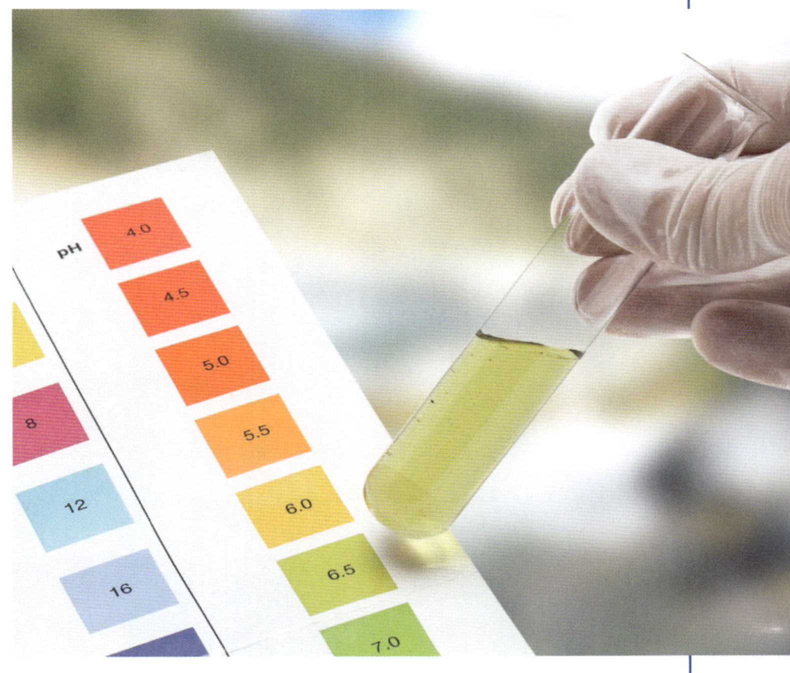

玻意耳对石蕊试剂的发现至少可以给我们以下启示：

实践是科学发现的基础。如果玻意耳整天埋头于书本，是不可能发现石蕊能起酸碱指示剂作用的。

要做实践的有心人。我们的实验常常不完全符合我们的预期，如果出现意外的现象，就更需要一种科学态度。有可能是我们的操作出了问题；有可能是我们的习惯性认识有偏差；也可能原本就不是书本上描述的那回事；还可能是我们不曾预想过，且完全与实验目的无关的新发现。就像玻意耳发现酸碱指示剂这样。

要有缜密的论证能力。当我们读过科学家们“偶然发现”的故事后，心中不免会感叹他们的幸运。而这种幸运的背后，却是科学家们丰厚的科学知识积淀、敏锐的感知能力和缜密的论证能力。许多科学发现，正是源自我们早已司空见惯的事物，也有人不时会有杂耍式的“重大发现”，然而真正能落在实处的科学发现不同于夜空中一闪而过的流星，而是需要科学的理论阐述，并且离不开实践的再现性。

正是因为玻意耳充分的实验和理论探究，石蕊试剂才能在今天仍然得以广泛应用。

DEMOCRITUS
Ex marmore antiquo apud

探索原子的人们

无论是宇宙的深邃、山谷的空灵，还是海洋的博大，都离不开微观的精致。那些原子、分子和离子以它们特有的运动方式将无形与有形、无序与有序天衣无缝地连在了一起。在数千年的探寻中，人们仿佛能听到它们的呼吸，却见不到真容，最初只能凭借对宏观物体的感知去想象微观物质的形态，直到后来，原子的面纱被逐渐揭开……

古希腊人眼中的原子

2000 多年前，古希腊有一群哲学家在讨论宇宙万物的本原，他们相信任何物质都是由许多看不见、摸不着，既小又硬的微粒构成，并创造了一个词——原子（atom），原意为“不可分的”。其中的主要代表人物叫德谟克利特，他被誉为古希腊百科全书式的学者。

在这群哲学家的眼中，难以计数的原子的存在和运动形成了宇宙和各种自然现象。

这些原子无规则地剧烈运动引起碰撞，在旋转中聚集或分散。结果那些较大的、表面粗糙的原子形成坚硬的岩石沉积到中心，稍小的原子形成土壤覆盖在大地；还有一些表面比较光滑，且有一定黏性的原子构成了水，流淌在地表层形成江河湖海；而那些很小很轻的、表面非常光滑的原子则形成了空气和火，飘浮在空中或远离大地形成干热的天体。

总之，物质的千变万化不过是这些原子的重新组合与分离的过程。

客观地讲，2000 多年前的哲学家能够具有如此鲜明的“唯物论”思想是令人钦佩的，毕竟坚持“唯物论”比主张“唯心论”困难大得多。唯心论者可以将解释不清的问题交给上帝，而唯物论者总是习惯将问题留在现实中。不过，德谟克利特处理问题的方式更像一个善于讲故事的演说家，不像科学家。因为任何自然科学理论最终都需要通过科学实验来检验，要能在进一步科研和生产的实践中得到印证。显然，德谟克利特并没有这样做。更确切地说，他所处的时代也没有条件这样做。

德谟克利特

最先捕捉到原子的人

时隔近 20 个世纪，在 1803 年，终于有人“捕捉”到原子，并用自然科学的研究方法重新创建了原子模型，使原子的概念从哲学中迁徙到一门新的自然学科——化学，他就是英国化学家道尔顿。

与古希腊的原子论相比，道尔顿的最大优势就是拥有众多科学家（包括他本人）所做的大量实验成果，近代原子学说就是在这个基础上发展起来的。

在长期研究物质性质的过程中，科学家们采用了种种方法分解各种化合物，最终总能得到一些无法继续分解的物质，他们相信：这些无法再分的物质就是千百年来人们一直在追踪的原子，它们是构成物质的最基本的微粒。当然，如果道尔顿当初对原子的认识也滞留在这一步，那就不能表明他比其他人（包括古希腊人）知道得更多。

道尔顿注意到：人们从不怀疑自己对物质质量感受的真实性。这就好像我们虽然看不见空气，可只要我们先准确称量一个充满空气的玻璃瓶，然后把它抽成真空再称量，就会发现前后称量的结果是不同的。这能说明什么呢？说明空气是有质量的、是可称量的，空气是由我们看不见的微粒组成的！将原子的质量与物质的性质关联起来，这正是道尔顿创立近代原子学说的成功秘诀！

道尔顿是如何测定原子质量的呢？在道尔顿时代，由于科技水平所限，并没有办法直接测得原子的实际质量。但道尔顿和其他科学家想出了一个绝妙的方法，采用测定元素质量比的方式测出了原子的相对质量。

也就是通过分解反应或化合反应分析化合物中各元素的质量比，找出了在化合物中常常占质量比例最小的原子——氢，并指定氢原子的相对质量为 1，其他原子的质量与它相比较得出的值，就是该原子的相对质量。

根据原子的相对质量，就可以推断化合物中各元素原子的个数比（即化合物的组成），进而可以了解不同原子与其他原子化合的能力。

现代科技已有了长足的进步，可以准确测定原子的实际质量。

以氯化钠为例。可先通过X射线衍射法测定NaCl晶体中Na^+和Cl^-的离子大小及核间距，再测出NaCl晶体的体积和质量，就可以确定Na原子和Cl原子的实际质量（因为电子质量太小，可忽略不计）。

道尔顿原子论的要点

①原子是构成物质的最小微粒，不能创造、不能毁灭，也不能再分。

②同种原子的形状、质量和性质都相同，不同种原子的形状、质量和性质各不相同。

③不同原子间可以简单数目比化合，形成复杂原子（即化合物）。复杂原子的质量等于所含各原子质量之总和。同一化合物的复杂原子，其形状、质量和性质必然相同。

道尔顿

道尔顿原子论的第①点从根本上否定了炼金术士数百年荒谬的幻想（即元素嬗变的可能性），转换为现代的观点就是：一种元素的原子不可能通过化学变化转变为另一种元素的原子。

第②点强调同种原子的质量相同、性质相同。将原子的微观质量与物质的宏观性质关联起来，这就在物质结构的层面上为化学研究从定性描述转向定量分析扫除了障碍、指明了方向。

第③点更是体现了理论源于实践、高于实践并能接受实践检验的重要意义，使原子学说成为解释化学反应遵循质量守恒定律、定比定律、倍比定律的理论依据。

或许今天许多中学生一眼就能发现道尔顿的原子论存在着明显的瑕疵甚至错误，但如果让我们把现代知识从头脑中清空，回到道尔顿时代，再用实验来证明世间万物都是由原子构成并阐明不同原子的质量与性质之间的关系，我们是否会比道尔顿做得更好呢？

揭开电子的真相

19 世纪，人类跨入了电的时代。伏打电堆的发明，不仅让人们知道了水可以电解为氢气和氧气，戴维还用来发现了钠、钾等系列元素。紧接着，电报、电话、电机、电灯等应运而生。然而，在电带动下的这系列发明之后，仍旧没有人明白：电是什么？

19 世纪中叶，一种被称作“阴极射线”的现象引起了科学界的关注并引发激烈的争论，一派认为是“粒子流”，一派认为是“以太波”。英国科学家 J.J. 汤姆孙倾向“阴极射线是粒子流”的观点，因为他注意到两个现象：阴极射线不能穿过透明的云母片，但能推动真空管中的小风轮运动；阴线射线能在外加电场的作用下发生偏移（偏向正极）。

汤姆孙

低压气体放电管内置一个小风轮，可观察到小飞轮在阴极射线的推动下向阳极方向移动，切换正、负极，还可观察到小飞轮的移动方向也相应改变。

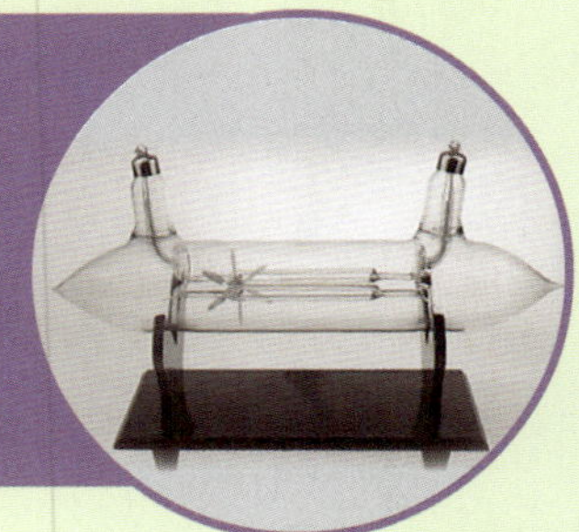

内置小风轮的阴极射线管

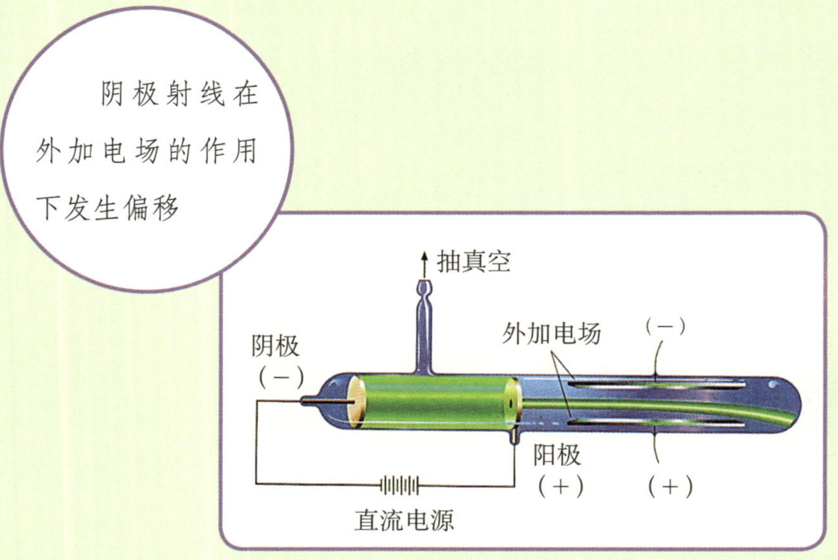

这表明，阴极射线不仅具有微粒性，还有电性！

于是，他在1897年采用测荷质比等方法来确定其中微粒的质量。这一测不打紧，竟发现阴极射线中微粒的质量仅约为氢原子质量的千分之一！

在进一步的检测中，汤姆孙还发现：无论用什么金属作电极，且无论真空管内微量的残留气体是什么，都不改变阴极射线所含微粒的荷质比。

汤姆孙的发现

阴极射线就是来自原子内部的“电”，所有原子中都含这种带电微粒，而这种带电微粒就是“电子”！进而改写了道尔顿的原子学说，即原子是可以再分的。

汤姆孙的发现解开了科学史上的一个谜，同时却产生了又一个新的谜团。因为原子是电中性的，既然现在发现其中含有带负电荷的电子，那么原子中的正电荷又在哪里呢？

汤姆孙百思不得其解，于是提出一个猜想：原子像一个带正电而又均匀致密并嵌有电子的球体。这就是他的“葡萄干布丁”原子模型。

汤姆孙和他的原子模型

射出的炮弹竟被一张“纸”弹了回来

1911 年的一次英国皇家艺术学会上，E. 卢瑟福在回忆他的一次科学实验经历时说：“……这是在我生活中所发生的最不可思议的事件。几乎像你用 15 英寸的炮弹射向一张薄纸，炮弹居然弹回来并打在你身上一样地令人难以置信。”

究竟发生了什么，会令这位大名鼎鼎的科学家如此惊讶呢?

事情的缘由还得追溯到汤姆孙的原子模型。

按汤姆孙的猜想：原子应是一个正、负电荷均质分布的球体。几乎与此同时，被 W.K. 伦琴发现的能穿透实体的 X 射线及其巨大的应用价值在全世界产生了强烈的反响；法国化学家 M. 居里（居里夫人）1898 年研究铀的放射性时，先后发现了两种新元素——钋（Po）和镭（Ra），也是一举轰动世界。人们争相探寻各种射线及其新的价值。于是，卢瑟福想到了 α 粒子，他相信：α 射线是一种质量大、速度快、能量高的粒子流，穿透质地均匀的薄薄金箔应该没有问题。他想用 α 粒子散射实验来证明汤姆孙原子模型的科学性。

实验如期进行，不出人们所料，α 射线直接穿透金箔，投射到背后的荧光屏上闪烁着密集的荧光点。然而，人们很快就被异乎寻常的一幕所震撼：有少数 α 粒子在金箔上似乎遭遇到强大的障碍而折回，甚至个别高速 α 粒子发生了近 180° 的反弹。

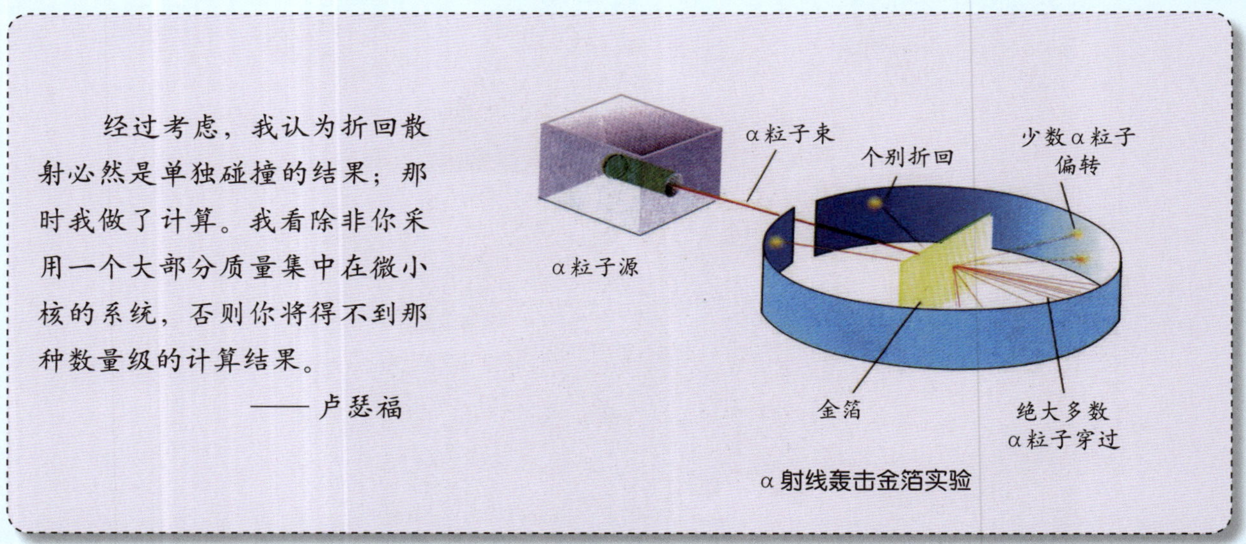

α 射线轰击金箔实验

卢瑟福为原子找回了心脏

卢瑟福意识到，汤姆孙的原子结构模型出了问题，被人们寻找多年的原子中带正电荷的部分现身了，它就像是原子的一颗心脏。

卢瑟福的结论

原子并不是一个密度均匀的实心球体，它的内部几乎是空的。因为 α 射线中的大部分粒子穿过金箔时只有很小角度的偏转。

原子的质量及其所含的正电荷都集中在一个“核”上（电子的质量微乎其微）。实验中部分 α 射线发生大角度偏转，就是因为高速的 α 粒子经过核附近时受到强大正电场排斥的结果。

卢瑟福

依据上述结论，卢瑟福提出了“太阳系”原子模型。他认为，原子如同太阳系，一个很小的带正电的原子核就位于原子的中央；核外电子所带负电荷数恰好等于原子核上的正电荷数，所以原子呈电中性；电子在核外以某种规律性的运动（犹如行星绕着太阳运行）来抵消核正电场的吸引，以使原子成为一个相对稳定的体系。

由于卢瑟福对原子核的发现，使人们对原子结构的认识又向正确的方向迈出了关键的一步。

随后，科学家对原子核中质子和中子的发现也进一步完善了卢瑟福的原子模型。

卢瑟福的原子结构模型

追寻电子运动轨迹的人们

卢瑟福对原子核的发现极大地鼓舞了探索原子的人们，同时核外电子的运动状态也再次成为“微粒说”和“波动说”争论的焦点。

按照经典物理学理论，一个绕着原子核在不同方向上变速运转的电子，必定要连续不断地以电磁波的形式辐射能量，其结果是电子的能量越来越低，最终会坠落在原子核上湮灭，事实上这种情况并没有发生。也就是说，卢瑟福的原子模型中有关电子的描述得不到相关理论的合理解释。

这时，曾于 19 世纪中叶引起关注的原子光谱再次进入科学家的视野，他们的头脑中盘旋着一团迷雾：原子光谱与原子核外电子的运动状态是否存在着相关性呢？ 1912 年，丹麦物理学家 N. 玻尔以氢原子光谱为突破口，率先打破了僵局，提出了核外电子量子化的运动模式以及原子核外多电子分层排布的模型。

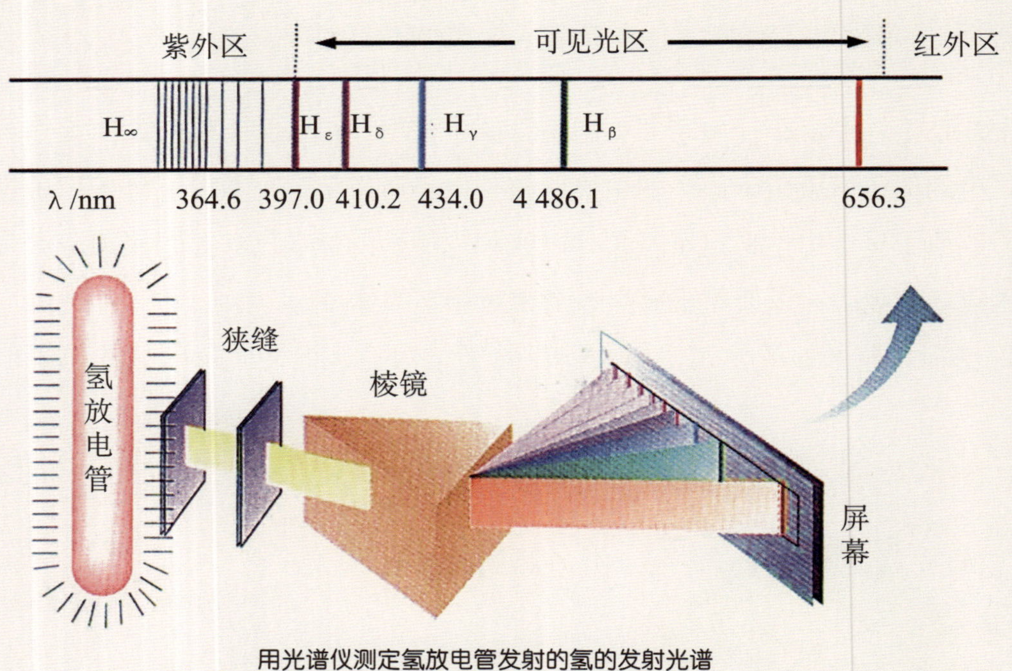

用光谱仪测定氢放电管发射的氢的发射光谱

20 世纪初，经 L.V. 德布罗意、W.K. 海森堡、E. 薛定谔等多位科学家的不懈努力，人们终于在头脑中对原子核外电子运动特点形成了一个比较清晰的轮廓：电子在发射或接触到实体时突出的是微粒性，而在运动过程中则突出其波动性。至此，有关电子运动的微粒说和波动说就达成了共识。显然我们不能再以宏观世界的感知来理解微观世界结构微粒的行为。

现代的原子结构模型

现代原子结构理论认为：电子在原子核外运动没有固定的轨道，而是随着能量的变化跳跃在不同的空间区域。以某个电子来看，它在某一时刻的个体行为是无规则的，但大量电子的统计行为是有规律的。

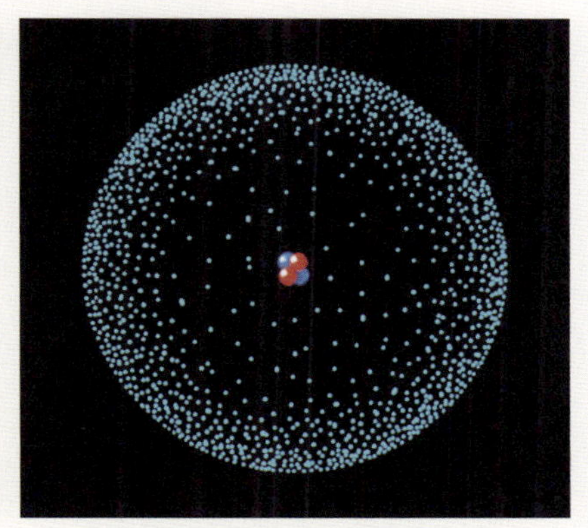

现代原子结构模型

因为电子的热运动速度很快（接近光速），又是运动在原子那么小的空间。所以电子在原子核外的运动，就好像带负电荷的云雾笼罩在原子核的周围，故形象地称之为“电子云”。

原子核外存在着多个能量不同的空间区域，叫作电子层。从内到外分别以K、L、M、N、O、P、Q命名，其中K层能量最低，其余各层能量依次递增。各电子层最多容纳的电子数呈一定规律：K层离核最近，空间最小，所以最多容纳2个电子；L层离核稍远，空间较大，最多容纳8个电子……最外电子层最多容纳8个电子；次外层最多容纳18个电子。

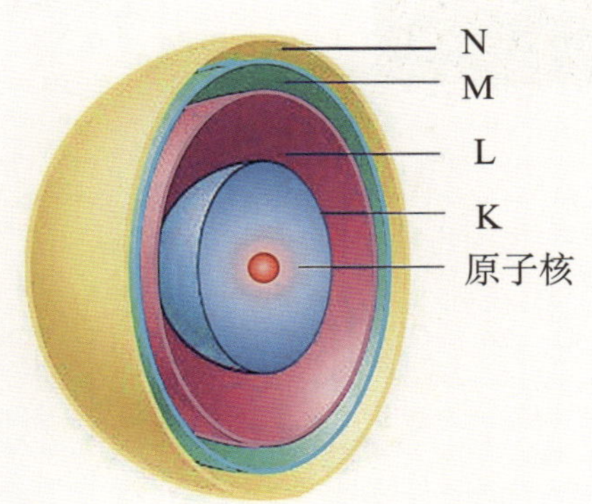

电子层	K	L	M	N	……
各电子层最多容纳电子数	2	8	18	32	……

对于化学研究而言，最关注的是原子最外层的电子，因为元素的化学性质主要是由原子最外层电子来决定的。例如，钠原子最外层只有1个电子，在化学变化中容易失去，金属钠就表现出强还原性；氧原子最外层6个电子，只要得到2个电子就能达到8个电子的稳定结构，所以氧气就表现出强氧化性。

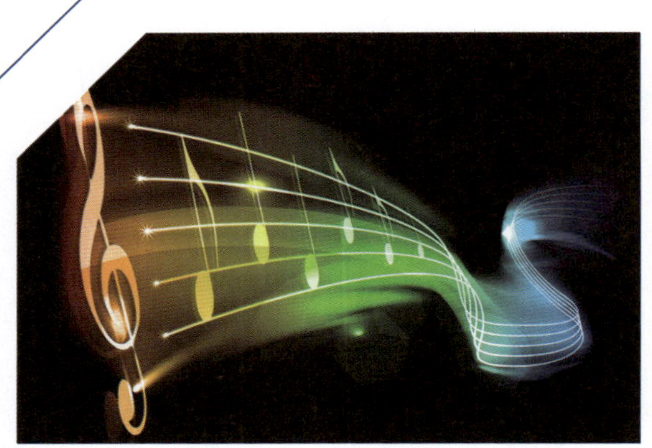

2H₂+O₂→2H₂O
C₂H₅OH+O₂
H₂SO₄
H₂O

E=mc²
eU₀ = h(v—v₀)
E=mc²
hv = A + mv²/2

化学用语：一种通用的国际语言

继音乐、数学、物理之后，化学也有了国际通用语言——元素符号、化学式和表达物质变化的各种方程式。这种语言就是传达微观领域化学信息的工具，且需要随着科学发展适时更新。能否正确使用化学用语，既涉及自身的科学素养，也影响到科学知识的交流和传播。比如，若将钴的元素符号 Co 写成 CO，就变成了一氧化碳。网上还有将氨水的主要成分写成 NH_4OH 的情况，这就落后时代几十年了，因为现代化学早已证明不存在 NH_4OH，氨在水溶液中主要是以 NH_3 的水合物形式存在。由此可见，网络信息虽然给我们带来很多便利，但也需要我们仔细甄别。

元素与原子的概念

上面母子的对话表明，孩子对“水果”的概念还不熟，他不清楚水果在概念上只具有种类属性，不具有个体属性。

化学中的“元素”概念也与此相似，我们可以说葡萄糖是由碳、氢、氧3种元素组成，而不能说葡萄糖是由碳、氢、氧3个元素组成。因为元素是一种很抽象的概念，是具有相同核电荷数（或核内质子数）的同一类原子的总称，并没有独立的个体属性，不等同于物质的结构微粒。

而原子不同，原子是化学变化中的最小微粒。在概念上既具有种类属性，也具有个体属性。比如，我们可以说每个葡萄糖分子中含有6个碳原子、12个氢原子和6个氧原子。就像苹果和桃，既是两种不同的水果，又可用个数计量一样。

元素符号，通常以元素的拉丁文名称中第1个字母的大写表示，也可以附加其名称的第2个或其后另一个小写字母。例如，碳C（carbon）、钙Ca（calcium）、银Ag（argentum）等。

元素的汉语名称 主要是为了便于国人的阅读和使用，并具有其他语言不具备的某些优势。比如，元素类别属金属还是非金属一目了然，单质通常是固态、液态还是气态一看便知。

其中一部分沿用传统的汉字，如金、银、铜、铁、锡、硫、磷等；一部分是会意字，如氯、氢、氮等，一看就能对单质通常的颜色、状态、气味或密度有个大致的了解；还有一部分是借用元素英文名称的谐音，如镁、钛、氪、硒等，读起来也简洁，不似英语念起来那般费劲：magnesium，titanium，krypton，selenium。这要感谢中国清代科学家、近代化学启蒙者徐寿在翻译、传播西方科学过程中所做的重要贡献。徐寿可谓是“古为今用，洋为中用”的先驱。

同一元素对应的微粒可以有多种存在形态 例如，单质中的 Fe、亚铁盐中的 Fe^{2+}、铁盐中的 Fe^{3+} 等都属于铁元素。

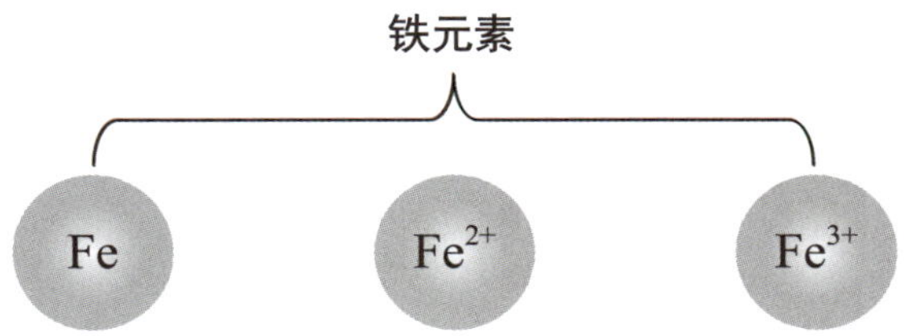

同种元素可能有多种核素 所谓核素是指具有一定数目质子和一定数目中子的一种原子。同一元素的不同核素，其原子核内所含质子数相同，但中子数不同。

例如，碳元素的核素就有碳-12（^{12}C）、碳-13（^{13}C）、碳-14（^{14}C）等，它们在结构上的异同点可从下表看出。

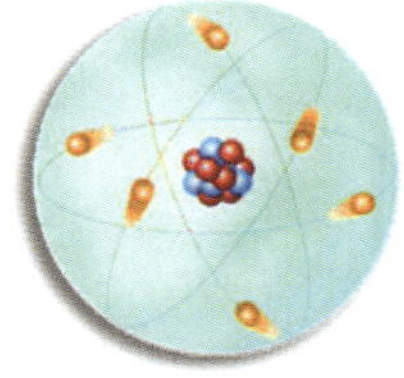

	^{12}C	^{13}C	^{14}C
核内质子数（n）	6	6	6
核内中子数（N）	6	7	8

现代科学是以 ^{12}C 质量的 1/12 为标准，其他原子跟它相比较所得的比值，就是该原子的相对原子质量，符号为 Ar。

^{14}C 具有放射性，在考古、医疗等方面有特殊应用。

物质的化学式与分子结构

化学式包括化学实验式、分子式和结构式等。

实验式，又叫最简式。是表示化合物中所含各元素最简单原子个数比的式子。

分子式，用元素符号和阿拉伯数字表示分子中各原子数目的式子。

结构式，能反映分子中的原子组成、连接次序以及结构特征的式子。

上面三种式子之间有什么关系呢？以乙烯（C_2H_4）为例。

刚开始接触化学的读者可能对乙烯比较陌生，不过，有个生活中的现象你们一定熟悉。有时候，我们从市场上买回的香蕉不太熟，但只要与已经成熟的水果（如苹果、西红柿）放在一起，香蕉就熟得快些。反之，想香蕉存放时间久点，就不要与其他水果混放了。因为水果成熟后所散发的香味中就混有一种催熟的气体——乙烯。

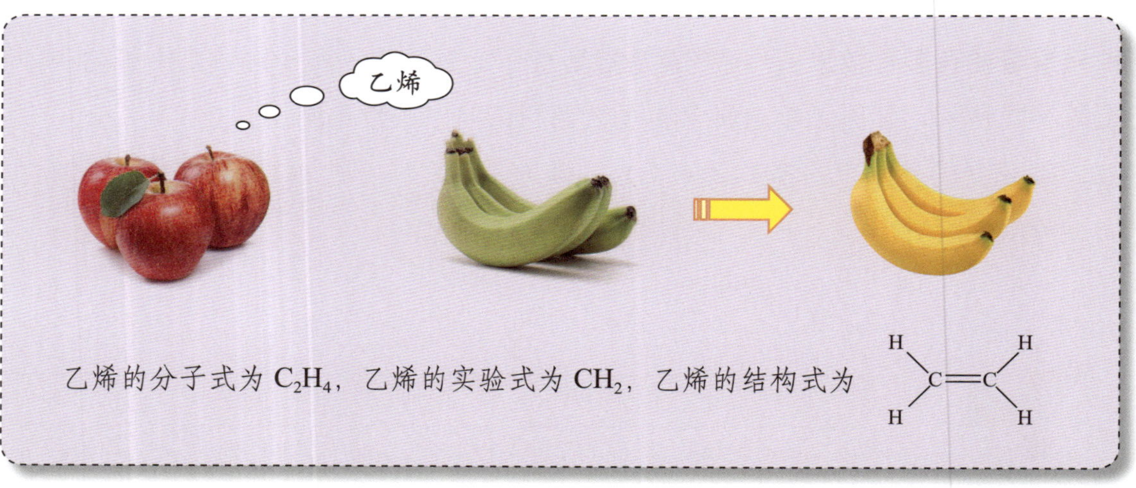

乙烯的分子式为 C_2H_4，乙烯的实验式为 CH_2，乙烯的结构式为 $\mathrm{H_2C{=}CH_2}$（结构式图）

分子式 C_2H_4 代表着乙烯分子的实际组成。

实验式 CH_2 是乙烯分子中各原子的最简整数比，是根据实验测得的结果。

乙烯结构式中的单线“—”和双线“＝”是表示相邻原子间的共用电子对的数目，即 C—H 原子间是双方各提供 1 个电子形成一对共用电子对结合，而 C ＝ C 表示两个碳原子间有两对共用电子对。这种通过共用电子对使原子结合在一起的作用，在化学上叫共价键。

显然，乙烯分子的结构特征突出表现在碳碳双键（$>C=C<$）上，为了方便，乙烯的结构式可以将 C—H 间的短线省去，简写成：$H_2C=CH_2$，这种式子就叫作结构简式。

化学式的书写除了要求“化合物中各元素化合价代数和为零”之外，还有一些基本规则。

比如，固态单质无论是原子构成还是分子构成，如果没有特定要求，习惯上以元素符号直接表示，比如，金刚石可以表示为C；硫黄虽然是硫分子构成，一般还是以元素符号S表示。

对于氧化物，习惯上将氧元素写在右边，另一种元素写在左边。例如：

CO_2、SO_2、NO_2、P_2O_5、CaO、Ag_2O、Fe_2O_3、Al_2O_3 等

对于无机含氧酸和碱，尽管它们的化合物中所含H、O两种原子都是结合在一起，但为了便于识别，书写时却有所区别。例如：

酸	硝酸	硫酸	磷酸	次氯酸
	HNO_3	H_2SO_4	H_3PO_4	$HClO$
碱	氢氧化钠	氢氧化钙	氢氧化镁	氢氧化铁
	$NaOH$	$Ca(OH)_2$	$Mg(OH)_2$	$Fe(OH)_3$

化学中的盐是指组成里含有金属离子和酸根离子的化合物。而实际情况比较复杂，像含铵离子（NH^{4+}）和酸根离子的化合物也属于盐，例如化肥中的碳酸氢铵（NH_4HCO_3）、氯化铵（NH_4Cl）等。

有些盐含有结晶水，例如硫酸铜晶体、明矾晶体 [$KAl(SO_4)_2\cdot12H_2O$] 等。这些结晶水并非与其他组分混合在一起，而是以水合离子结合形成的晶体。它们都属于纯净的化合物。

硫酸铜晶体

明矾晶体

象形分子：凸显化学语言之美

在有机化学中，有些分子结构很复杂，写起来也麻烦，化学家总会想出一些新的简化办法，在不影响认识物质结构的前提下，尽量减少结构式中的元素符号。以生产塑料泡沫的原料苯乙烯（分子式 C_8H_8）为例：

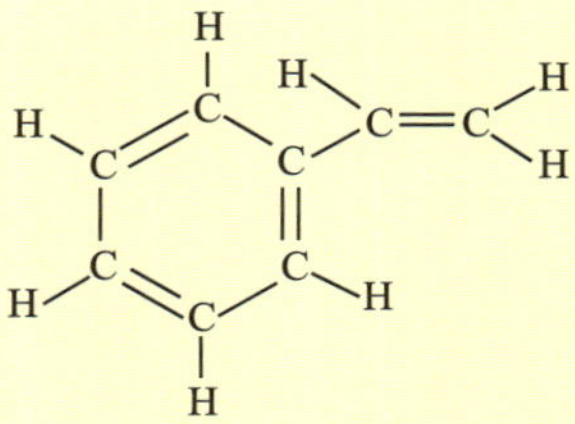

苯乙烯的结构式

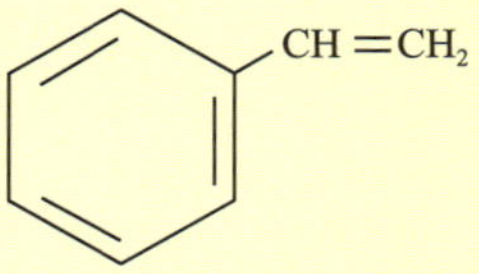

苯乙烯的结构简式

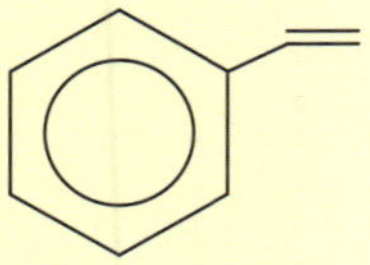

苯乙烯的键线式

通过上述简化不仅给书写带来了便捷，还更突出了分子的结构特征。再看看下面这些生动活泼的有机物分子，是不是会被其浓郁的人文气息和自然生态的美感所陶醉？

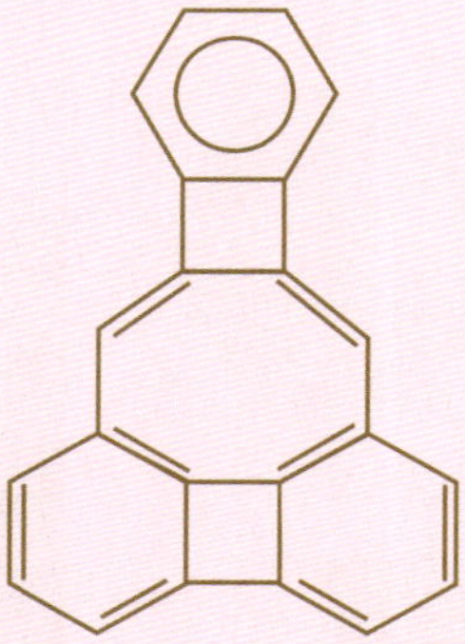

青蛙分子

释迦牟尼分子

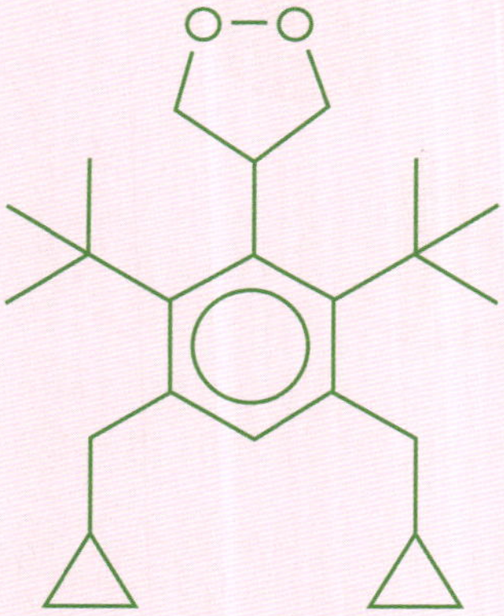

牛分子

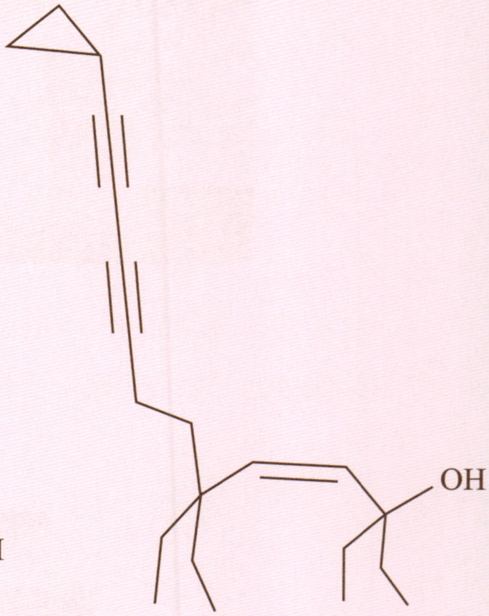

长颈鹿分子

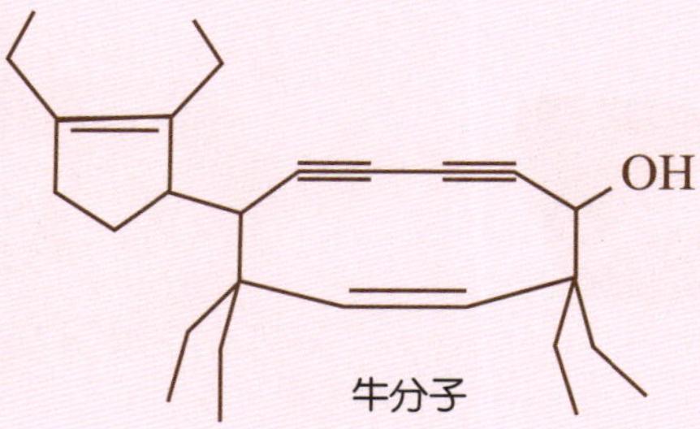

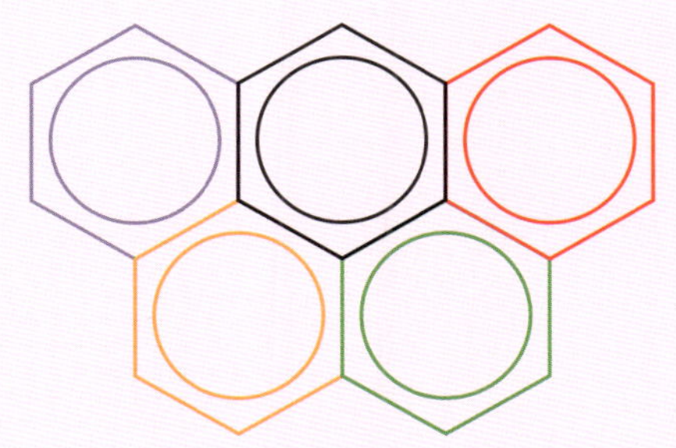

奥林匹克烯分子

2012 年 5 月 28 日，英国沃里克大学发布公告说，该校研究人员与国际同行合作，使五个苯环融合组成的多环芳烃就得到了一个类似奥运五环的分子结构，它因此被命名为“奥林匹克烯”。

其结构十分微小，宽度只有约 1.2 纳米，约相当于人类头发直径的 10 万分之一。

欢乐的舞者分子

火鸡分子

狗分子

猎人分子

谈谈化学方程式的语法

用化学式表示化学反应的式子，叫作化学方程式。

常见的化学方程式有两种书写形式：

例 1　乙炔（C_2H_2）在氧气中完全燃烧（该反应形成的氧炔焰可达 3000℃的高温，工业上常利用该反应焊接或切割金属）：

$$2C_2H_2 + 5O_2 \xlongequal{点燃} 4CO_2 + 2H_2O$$

例 2　丁烷（C_4H_{10}）在高温下裂解（该反应是利用石油分馏产品制乙烯的重要反应之一，而乙烯的产量是衡量一个国家石油化工发展水平的标志）：

$$C_4H_{10} \xrightarrow{高温} C_2H_4 + C_2H_6$$

氧气

乙炔

上面两例方程式有 3 个共同特征：相关反应都有客观事实为依据；都符合质量守恒定律，标明了各反应物、生成物的计量关系；都遵循了化学方程式书写的基本规则，将反应物写在左侧，生成物写在右侧，并标明反应发生的必需条件。

写化学方程式最大的禁忌是凭着臆想杜撰出一个化学方程式。譬如有人戏说：化学真有意思，盐酸加硫酸等于硝酸。这种说法显然没有事实依据，因为盐酸和硫酸中都不含氮元素，化学反应是不可能造出一种新元素的。

上面两例方程式在书写上的最大差异是：前一个方程式在反应物和生成物之间用的是等号“══”，后一个方程式在反应物和生成物之间用的是指示变化方向的箭头“⟶”。

这是因为当乙炔完全燃烧时，生成物只有 CO_2 和 H_2O。而丁烷在高温下裂解有多个副反应，分解成乙烯和乙烷（C_2H_6）只是其反应的途径之一，丁烷还可能分解成甲烷和丙烯（C_3H_6）等。因此对副反应较多或程度较大的化学变化，有时就用“⟶”来描述其中的一个变化过程。

书写化学方程式的细节：在化学方程式中常常也会见到一些提示性符号或文字，比如在生成物一方以符号“↑”“↓”来表示物质在反应后的状态变化。

$$AgNO_3 + KI = AgI\downarrow + KNO_3$$

$$2H_2O \overset{通电}{=} 2H_2\uparrow + O_2\uparrow$$

这就可以让我们知道，硝酸银（$AgNO_3$）溶液与碘化钾（KI）溶液混合后析出的黄色沉淀物是碘化银（AgI）；电解水可以生成两种气体，且氢气的体积量约为氧气的两倍。

如果反应前就有难溶物，那么反应后的沉淀就不必标“↓”；如果反应前有气态物质参加，反应后也有气体，则对生成的气体也不必标“↑”了。

细节决定成败：这是一个经典的警句！无论是做一个课题或项目，在方向正确的前提下，“细节决定成败”就是一条真理。经常做化学实验探究的人，对此都深有体会。参加反应物质浓度的大小、温度的高低、加入试剂的先后次序、使用仪器的洁净程度甚至空气的湿度，都有可能影响到实验的成败。

用铁与硫酸制氢气，其化学方程式为：

$$Fe + H_2SO_4(稀) = FeSO_4 + H_2\uparrow$$

为什么要在 H_2SO_4 后面加“稀”

因为 H_2SO_4 在稀溶液中才电离出大量的 H^+，而铁实际是与稀硫酸中的 H^+ 作用产生氢气；在浓硫酸中，H_2SO_4 主要以分子形式存在，就很难与铁反应产生氢气了。

难道铁不与浓硫酸反应？

常温下，铁遇浓硫酸会迅速反应，在铁的表面形成一层致密的氧化物保护膜，阻止浓硫酸与铁的进一步作用。这一过程叫作钝化。但如果加热，铁又能与浓硫酸加快反应，只是生成的主要气体不再是氢气，而是二氧化硫。

由此可见，化学反应不仅与物质有关，还与物质存在的环境有关。环境变了，同一物质所表现的性质也不同，这就是化学反应的复杂性。所以，通过化学方程式，我们可以了解物质变化的一些规律，从而学好化学，用好化学。

化学：展示微观世界韵律之美的艺术

各种原子、分子、离子的微观组合仿佛是一尊尊巧夺天工的雕塑，而这些微粒的运动和变化又像是婉转缥缈在群山峻岭间的乐章。实际上，我们已经无法分辨那令人血脉偾张、心灵震颤的冲击是来自视觉、听觉、嗅觉还是触觉，但能真切地体会到：化学正在为我们揭示物质更深层次的自然之美！

化合反应：奏响爱的神曲

由两种或两种以上的物质生成另一种物质的反应，叫作化合反应。

硫在空气中燃烧，产生的火焰犹如舞动的蓝色妖姬，凡见过的人都直呼“刺激”，那是硫原子在与氧原子化合。它们是一对强强组合，是生产硫酸的主力军。

铁在氧气中燃烧，火星四射，那是铁与氧化合时迸溅出的激情。生成的四氧化三铁(Fe_3O_4)具有磁性。

镁在空气中燃烧，发出耀眼的白光，还有白烟和热。那是镁在向氧求爱，镁原子拿出自己珍藏多年的两个电子献给氧原子，那道穿透心灵的白光将是他们永伴终生的见证。

$S + O_2 = SO_2$

$3Fe + 2O_2 = Fe_3O_4$

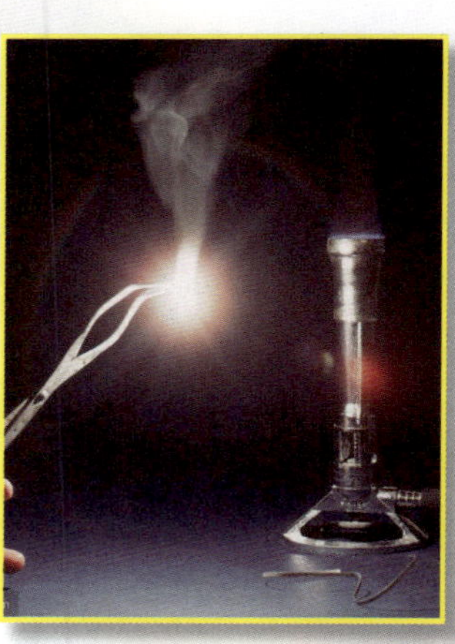

$2Mg + O_2 = 2MgO$

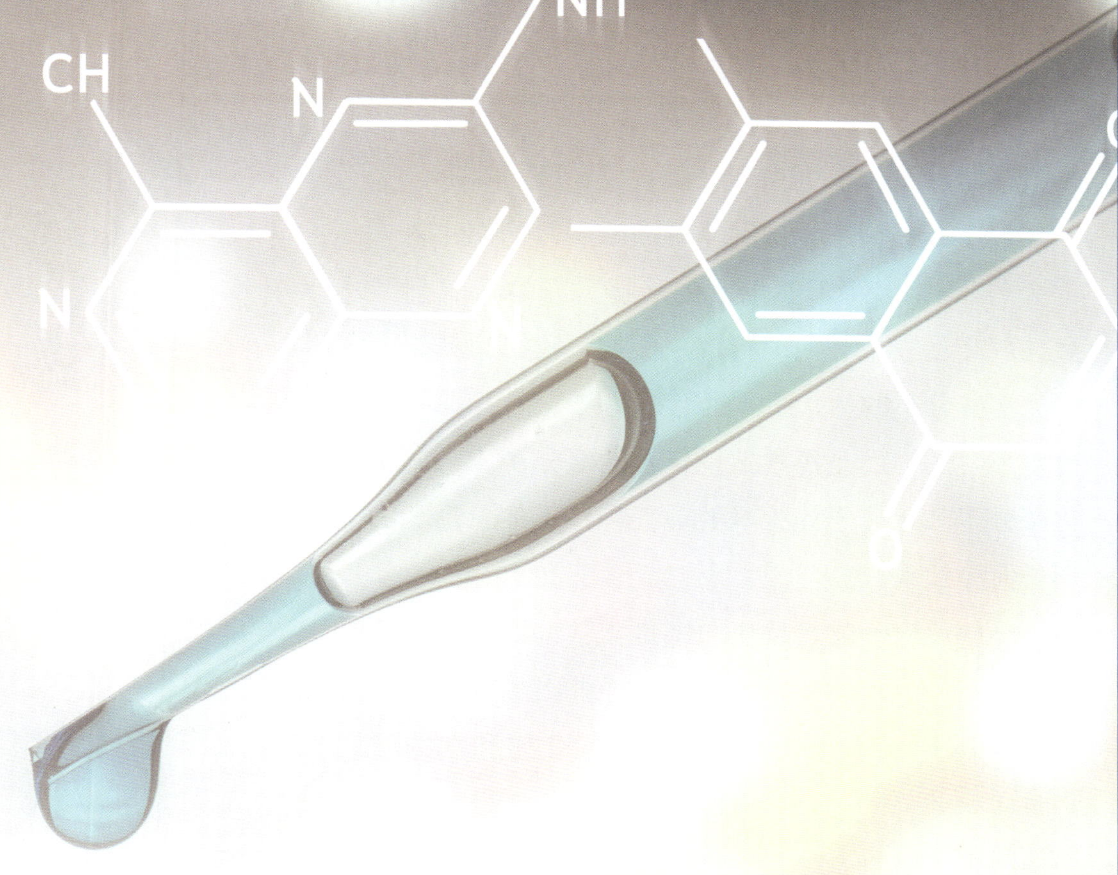

氧化钙与水的化合，表面上不温不火，而彼此的胸膛里早已是心潮澎湃。如果你放一个生鸡蛋在氧化钙里面，然后浇水，不一会儿鸡蛋就能煮熟了。

我们所见到的许多化合反应都表现得异常炽热，应该说，异性相吸是其中很重要的原因。他们大多来自金属和非金属、酸性氧化物和碱性氧化物、氧化剂和还原剂等，例如：

$$2Na + Cl_2 = 2NaCl$$

$$CO_2 + CaO = CaCO_3$$

$$HCl + NH_3 = NH_4Cl$$

$$2Cu + O_2 + CO_2 + H_2O = \underset{\text{碱式碳酸铜}}{Cu_2(OH)_2CO_3} \quad \text{（铜绿）}$$

还有些化合反应是发生在无机物和有机物等形形色色的物质之间。

分解反应：挥洒万马奔腾的激越

在室温下，取 1 克碳酸氢铵放在表面皿上，或许你不会立刻感觉到固体量的减少，但你的嗅觉会告诉你：NH_4HCO_3 正在分解。因为氨的刺激性气味暴露了它们的行踪。假如，我们此刻能看见那些分子的话，那场面绝不是用“千军万马”可以形容的，而是每秒数以亿计的氨分子、二氧化碳分子和水分子如野马般地狂奔！不难想象，那是何等壮观。

分解反应和化合反应向来是化学世界的最佳搭档，它们为自然界中的物质循环做出了重要贡献。像 NH_4HCO_3 就是利用氨、二氧化碳和水的化合而成的氮肥。石灰溶洞的形成更是大自然运用这两种反应的杰作。

$$CO_2 + H_2O + CaCO_3 = Ca(HCO_3)_2$$

$$Ca(HCO_3)_2 = CaCO_3\downarrow + CO_2\uparrow + H_2O$$

影响物质分解难易的因素是什么呢？物质发生分解反应的难易程度，主要取决于内部结构粒子的稳定性。

NH_4HCO_3 易分解，NH_4^+ 有一定责任，但主要还是 HCO_3^- 的稳定性差。不光是 NH_4HCO_3 容易分解，$NaHCO_3$、$Ca(HCO_3)_2$ 在水溶液中受热都容易分解。因为 HCO_3^- 中的 C 不乐意老待在晶体中，总羡慕外面的自由世界，想变成 CO_2 四处逛逛。所以，不论是遇到酸还是水或者是受点热、甚至是气压变化，它都会瞅准机会拽着两个氧原子就一块溜出去了。

$$2NaHCO_3 \overset{\triangle}{=\!=\!=} Na_2CO_3 + CO_2\uparrow + H_2O$$

$$Ca(HCO_3)_2 \overset{\triangle}{=\!=\!=} CaCO_3\downarrow + CO_2\uparrow + H_2O$$

再一种情况，就是物质内部电荷分布出现了严重不均衡，容易为电子发生争斗导致物质分解。比如 HNO_3，虽然氮原子吸引电子的能力没氧原子强，可也差不了多少，那氧原子就仗着人多势众，硬是把氮原子最外层的 5 个电子都拉到氧那边去了。所以，HNO_3 中的氮原子也会借着光照或受热的机会，从氧原子那儿夺回部分属于自己的电子。

$$4H\overset{4e^-}{NO_3} \overset{光}{=\!=\!=} 4NO_2\uparrow + O_2\uparrow + 2H_2O$$

硝化甘油（又称硝酸甘油、甘油三硝酸酯，分子式为 $C_3H_5N_3O_9$）也有类似情况，看看其分子结构就可以理解为什么硝化甘油能成为炸药。

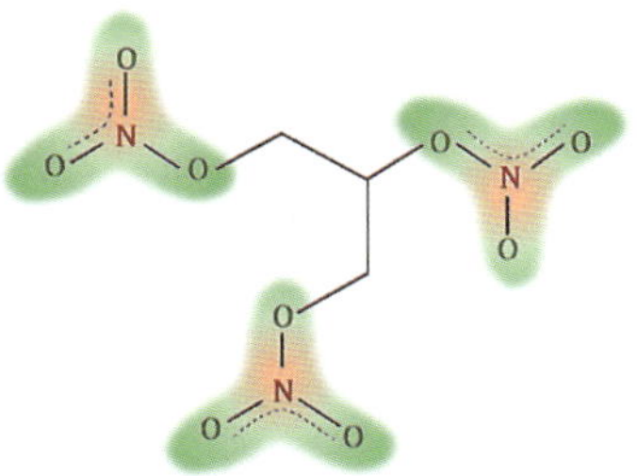

硝化甘油电性结构

在硝化甘油中，令氮原子怒气难平的是，连吸引电子能力较弱的碳原子在分子中尚能偏安一隅，而它氮原子最外层的 5 个电子竟然全被强征豪夺。难怪硝化甘油一点就着、一撞就炸。

$$4C_3H_5N_3O_9 \overset{\triangle}{=\!=\!=} 6N_2\uparrow + 12CO_2\uparrow + O_2\uparrow + 10H_2O$$

硝化甘油的分解反应实际很复杂。幸亏瑞典化学家 A.B. 诺贝尔找到硅藻土等物质帮忙，才使硝化甘油的火暴脾气得以平服。当硝化甘油成为安全炸药后，一列列火车满载着各类矿石呼啸而过，一辆辆汽车拉着南粮北木从山体隧洞中鱼贯而出，一座座水利大坝绝壁擒龙，还有一瓶瓶医药救千万人于垂危之中。硝化甘油不仅为经济腾飞炸出了一条康庄大道，也为许多心脏病患者扩开了心肌供血的安全之门。

诺贝尔

置换反应：日月交替之间的畅想

月升日落，斗转星移，这是大自然的规律。太阳释放出的能量将通过光合作用的产物在月色下继续生命的演绎，只是夜幕为其蒙上了几分神秘而已。化学中与之相似的是：由一种单质与一种化合物反应生成另一种单质和另一种化合物，这叫作置换反应。

在置换反应中，一种单质的消失，并不意味形成这种单质的元素消失，只是这种元素发生了角色的转换，以一种独立存在的形态转化成与其他元素共同组成的化合物；与此同时，另一种元素被从化合物中置换出来，形成了新的单质。例如，

$$2Al + 3CuSO_4 = Al_2(SO_4)_3 + 3Cu$$

Al 与 $CuSO_4$ 溶液反应

$$Cu + 2AgNO_3 = 2Ag + Cu(NO_3)_2$$

Cu 与 $AgNO_3$ 溶液反应

$$Zn + H_2SO_4 = ZnSO_4 + H_2\uparrow$$

Zn 与稀硫酸反应

上述实验反映了金属与酸或盐溶液反应中的金属活动性规律：

K　Ca　Na　Mg　Al　Zn　Fe　Sn　Pb　(H)　Cu　Hg　Ag　Pt　Au

金属活动性由强至弱的次序

在金属活动性顺序中，排在氢左侧的金属（如 Na、Mg、Zn、Fe 等）可以从水或酸中置换出氢。还有，较活泼的金属可以将较不活泼金属从其盐溶液中置换出来，如铝与硫酸铜（$CuSO_4$）溶液的反应。

在冶金工业中历史悠久的置换反应

早在公元前4000年，人类就已经掌握了火法炼铜技术。用孔雀石（含碱式碳酸铜）与木炭在加热条件下反应，其中的两个重要反应是：

$$Cu_2(OH)_2CO_3 \overset{\triangle}{=\!=} 2CuO + CO_2\uparrow + H_2O$$

$$2CuO + C \overset{\triangle}{=\!=} 2Cu + CO_2\uparrow$$

西汉淮南王刘安的《淮南万毕术》中记载有“曾青得铁则化为铜”，即将铁屑浸入硫酸铜溶液得铜的方法，又称湿法炼铜。其化学原理为：

$$CuSO_4 + Fe = FeSO_4 + Cu$$

现代冶金工业中，置换反应仍被广泛使用。例如，金属钛的冶炼涉及的反应有：

$$TiCl_4 + 4Na \xlongequal{700\sim800℃} Ti + 4NaCl$$

活泼金属与不活泼金属在置换反应中，谁占主动

以铁与硫酸铜溶液的反应为例，有两种决然相反的观点。

观点甲：铁占主动，因为铁比铜活泼，铜是被铁从硫酸铜溶液中置换出来的。

观点乙：铜占主动。从微观的角度看，无论是铁钉还是铁屑，其中的铁原子是不能自由移动的，是溶液中的Cu^{2+}接触到Fe时，将Fe氧化才有了铜。反应中，铁是被氧化的物质，所以铁是被动的。

显然，对于同一问题，因为站的立场和角度不同，得出的结论就可能完全不同。假如，我们在常温下，将一枚干燥无锈的铁钉插进研碎的硫酸铜晶体粉末中，能否发生置换反应呢？很难很难。因为没有水。这说明什么？

说明物质的变化不仅与当事双方有关，环境也很重要！

从研究化学反应来看，我们可以有侧重点，但实际参加反应的各方是没有主次之分的。任何事物的发生和发展，都只有放在特定的环境条件下来讨论才有实际意义。

复分解反应：闻乐起舞的化合物

由两种化合物互相交换成分，生成另外两种化合物的反应，叫作复分解反应。这很容易让人联想到19世纪英法流行的宫廷舞，伴着欢快的乐曲，踏着优雅的节奏，不时地交换舞伴。微观世界的复分解反应不就是这样吗？

比如：$MgCl_2 + 2NaOH = Mg(OH)_2\downarrow + 2NaCl$

$Na_2SO_4 + BaCl_2 = BaSO_4\downarrow + 2NaCl$

$CaCl_2 + Na_2CO_3 = CaCO_3\downarrow + 2NaCl$

$Na_2CO_3 + 2HCl = H_2O + 2NaCl + CO_2\uparrow$

这组典型的复分解反应正是工业上精制饱和食盐水时，用以除去氯化镁（$MgCl_2$）、硫酸钠（Na_2SO_4）、氯化钙（$CaCl_2$）等杂质的主要反应，看上去各种化合物此消彼长，眼花缭乱，但当沉淀析出、气体散尽之后，最引人注目的还是“舞后”——NaCl。

正如舞曲讲究节奏一样，两种化合物发生复分解反应也要讲规则，通常应满足以下三个条件之一：有难溶物质生成；有气体产生；有水或其他类似的难电离物质生成。

复分解反应是一种简单而又美妙的化学反应。一支试管、一个烧杯就是一个舞台，酸、碱、盐、氧化物双双登场，赤、橙、黄、绿……七彩纷呈。向一种无色溶液中滴入氯化铁（$FeCl_3$）溶液，若出现红褐色沉淀，可肯定无色溶液中存在较多的 OH^-；向氢氧化钠溶液中滴入一种无色溶液，微热后，产生的气体能使湿润的红色石蕊试纸变蓝，表明滴入的溶液中一定存在较多的 NH_4^+。由于许多复分解反应灵敏度高，故常常应用于溶液中的离子鉴别。

向 $FeCl_3$ 溶液中滴加 NaOH 溶液

向 $CuSO_4$ 溶液中滴加 NaOH 溶液

法国的波尔多葡萄酒享誉世界，可 1878 年波尔多城的葡萄熟得却不太容易。这年因为“霉叶病”肆虐，导致许多葡萄园很快变得枝叶凋零，唯有一处沿公路旁的葡萄园枝繁叶茂，挂果累累。为什么这些葡萄能独善其身呢？

一位大学的植物学教授走访了园主。原来是园主为了防止路人偷摘葡萄，事先在葡萄上喷洒了硫酸铜和石灰的混合液，看上去蓝白相间，路人不知是何“毒液”，就不敢贸然摘葡萄吃。不想歪打正着，这种混合液有效阻止了葡萄染上“霉叶病”。

了解到这一情况，教授做了进一步研究，发现单纯的熟石灰、硫酸铜溶液或氢氧化铜 [$Cu(OH)_2$] 都不能达到相应的药效，真正发挥作用的是硫酸铜与氢氧化钙通过复分解反应生成的碱式硫酸铜 $CuSO_4 \cdot xCu(OH)_2 \cdot yCa(OH)_2 \cdot zH_2O$，其中 x、y、z 的大小取决于参加反应的硫酸铜和氢氧化钙的比例。其反应通常可简单地表示为：

$$Ca(OH)_2 + 2CuSO_4 = CaSO_4 + Cu_2(OH)_2SO_4 \text{（胶体）}$$

因为这种杀菌剂是在波尔多城发现，故取名为波尔多液。

波尔多液的配制很有讲究，须是随配随用，因为药液的组分不稳定，容易出现沉淀降低药效。具体做法是：先分别配制 2% 硫酸铜溶液和 2% 的石灰水，作为两种母液备用。使用前再将 2% 硫酸铜溶液缓缓倒入石灰水中，边倒边搅拌。或是将两种溶液同时缓缓地注入一个大容器，并迅速充分搅拌，得天蓝色胶状悬浊液即可。但不允许将石灰水倒入硫酸铜溶液中，因为这样操作难以形成碱式硫酸铜。

研究发现，波尔多液不仅可防治葡萄的多种病菌，对苹果、梨等多种瓜果的病菌都能起到有效的防治作用，并一直沿用至今。

那些关于诺贝尔化学奖的事儿

诺贝尔化学奖简介

1895 年 11 月 27 日，瑞典著名的化学家、工程师、发明家、军工装备制造商和炸药的发明者诺贝尔签署了他最后的遗嘱，将他财富中的最大份额授予一系列奖项——诺贝尔奖。正如诺贝尔的遗嘱中所描述的那样，其中一份奖给“在化学上有最重大的发现或改进的人”。该奖项于每年 12 月 10 日，即诺贝尔逝世周年纪念日颁发。诺贝尔奖包括金质奖章、证书和奖金支票。

诺贝尔化学奖章

诺贝尔奖的金质奖章约重 270 克，直径约为 6.5 厘米。

诺贝尔化学奖章是由瑞典雕塑家和雕刻家 E. 林德伯格设计的，正面是诺贝尔的浮雕像，背面雕刻着象征自然的被云雾环绕的伊希斯女神，她表情冰冷而严肃，怀里抱着一只哺乳宙斯的羊角，在她身旁正欲掀开她神秘面纱的，是科学界的天才。

诺贝尔奖证书

每一张诺贝尔证书都是独一无二的艺术作品，由瑞典和挪威著名的艺术家和书法家创作。

诺贝尔奖的奖金数额

当年诺贝尔将他的大部分遗产 3100 万瑞典克朗留给了诺贝尔基金，每年颁发的奖金金额则视诺贝尔基金的投资收益而定，奖励那些在前一年度为人类做出卓越贡献的人，并且奖金总是以瑞典的货币瑞典克朗颁发。

1901 年第一次颁奖的时候，每单项的奖金为 15 万瑞典克朗，当时相当于瑞典一个教授工作 20 年的薪金。

1980 年，诺贝尔奖的单项奖金达到 88 万瑞典克朗；1991 年为 600 万瑞典克朗；1992 年为 650 万瑞典克朗；1993 年为 670 万瑞典克朗；2000 年单项奖金达到了 900 万瑞典克朗（当时约折合 100 万美元）。

从 2001 年到 2011 年，单项奖金均为 1000 万瑞典克朗（在 2011 年，折合约 145 万美元）。2012 年起，诺贝尔奖的奖金整体下调 20%。

2017 年 9 月，瑞典的诺贝尔基金会宣布，将 2017 年诺贝尔奖各奖项的奖金提高 100 万瑞典克朗 (当时约合人民币 82 万元)，向获奖者给予 900 万克朗 (当时约合人民币 740 万元)。

2020 年，诺贝尔奖金额设定为单项奖金 1000 万瑞典克朗 (约合人民币 770 万元)。

诺贝尔奖精神

为了人类的科学事业和文明进步，勇于创新、务实奋斗、格物致知、坚韧不拔、奉献博爱。

112

63

24

25

186

35

97

7

2

关于诺贝尔化学奖的数字

诺贝尔化学奖已颁发的次数

1901 年 ~ 2020 年，已颁发 112 项诺贝尔化学奖，在此期间仅 1916 年、1917 年、1919 年、1924 年、1933 年、1940 年、1941 年和 1942 年八年没有颁发。

为什么这些年不颁发化学奖？诺贝尔奖奖项空缺，除了受到两次世界大战影响之外，还受到了诺贝尔奖组委会“宁缺毋滥”的评奖理念的影响。

共享和非共享诺贝尔化学奖

63 项化学奖只颁发给一位获奖者。

24 项化学奖颁发给了两位获奖者。

25 项化学奖颁发给了三位获奖者。

1968 年，诺贝尔奖官方规定，任何奖项的获得者都不得超过 3 人。这一规定当时引起极大的争议。尤其是对于生物医学界来说，很多研究是以团队进行而不是由个别科学家单独进行的。这也就意味着当一个奖项的提名可能有超过 3 名参与者时会被自动排除在外。

诺贝尔化学奖得主数量

1901 ～ 2020 年，诺贝尔化学奖已经颁发给 186 位获奖者。由于弗雷德里克 • 桑格获得两次奖，自 1901 年以来有 185 人获得诺贝尔化学奖。

诺贝尔奖得主生日

6 月是大多数诺贝尔奖得主庆祝生日的月份。

诺贝尔化学奖得主的平均年龄

1901 ～ 2016 年，所有诺贝尔化学奖得主的平均获奖年龄为 58 岁。其中有 32 人获奖年龄介于 50 岁和 54 岁之间，占到了总获奖人数的 18%。下表中所涉年龄均为诺贝尔化学奖得主获奖时的年龄。

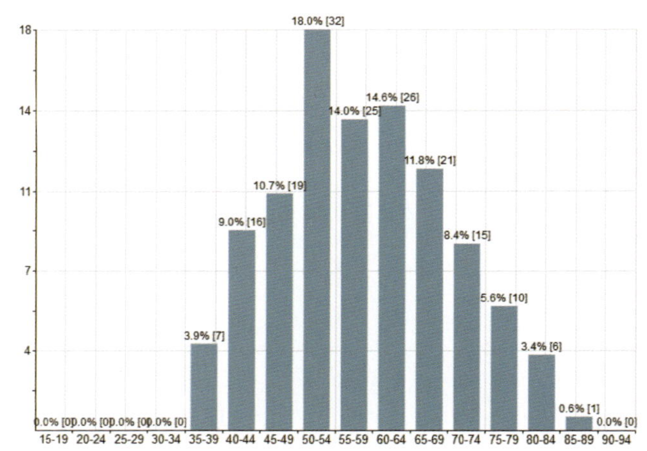

诺贝尔化学奖得主不同年龄段的人数及百分比
（横坐标为年龄区间，纵坐标为该年龄段人数占总人数的百分比）

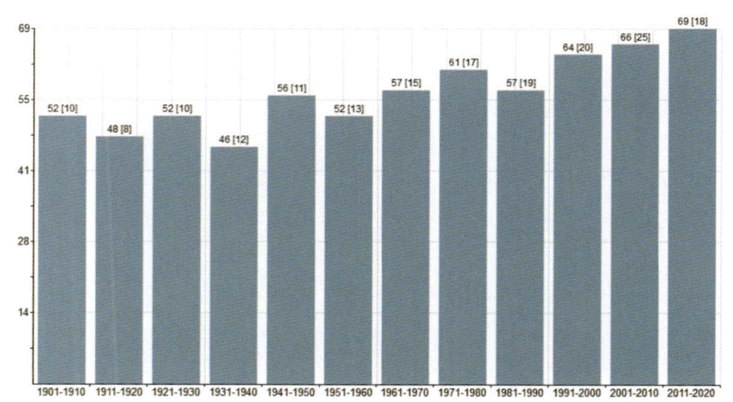

各年代诺贝尔化学奖得主的平均年龄（横坐标为年代，纵坐标为年龄）

年龄最小的化学获奖者

迄今为止，年龄最小的诺贝尔化学奖得主是F. 约里奥–居里，1935年他和妻子I. 约里奥–居里（小居里夫人）获得诺贝尔化学奖，当时他年仅35岁。

最年长的诺贝尔化学奖得主

迄今为止，年龄最大的诺贝尔化学奖得主是J.B. 古迪纳夫，他在2019年获得化学奖时已是97岁高龄。

女性诺贝尔化学奖获得者

迄今为止，在获得诺贝尔化学奖的185人中，仅有7位女性：M. 居里、I. 约里奥–居里、D.C. 霍奇金、A. 约纳特、F.H. 阿诺德、E. 沙尔庞捷、J.A. 杜德纳。

这7位女性中的2位，M. 居里（居里夫人）和霍奇金都是独享诺贝尔化学奖。

获得过诺贝尔化学奖的诺贝尔奖二次得主

M. 居里	鲍林	桑格
诺贝尔物理学奖 1903年	诺贝尔化学奖 1954年	诺贝尔化学奖 1958年
诺贝尔化学奖 1911年	诺贝尔和平奖 1962年	诺贝尔化学奖 1980年

L. 鲍林是唯一一个两次单独获得诺贝尔奖的人。F. 桑格则两次获得诺贝尔化学奖。

没有诺贝尔化学奖被授予去世的科学家

从1974年开始，诺贝尔基金会的章程规定诺贝尔奖原则上不能授予已去世的人，除非在诺贝尔奖宣布后发生死亡。1974年以前，诺贝尔奖只有两次追授：D. 哈马舍尔德（1961年诺贝尔和平奖）和E.A. 卡尔费尔特（1931年诺贝尔文学奖）。

诺贝尔化学奖之家

法国 M. 居里和 P. 居里夫妇共同被授予 1903 年诺贝尔物理学奖。M. 居里还获得 1911 年诺贝尔化学奖。居里夫妇的大女儿 I. 约里奥 – 居里与她的丈夫 F. 约里奥 – 居里一起被授予 1935 年诺贝尔化学奖。小女儿 E. 居里在联合国儿童基金会工作，并与 H.R. 拉布伊斯结婚。拉布伊斯于 1965 年代表联合国儿童基金会接受了诺贝尔和平奖。

H.von 奥伊勒 – 凯尔平于 1929 年获诺贝尔化学奖。他的儿子、瑞典生理学家 U.von 奥伊勒，因发现神经末梢中体液性递质及其储存、释放和失活的机制，与 J. 阿克塞尔罗德、B. 卡茨共获 1970 年诺贝尔生理学或医学奖。

美国生物学家 R.D. 科恩伯格于 2006 年获得诺贝尔化学奖获。1959 年诺贝尔生理学或医学奖获得者 A. 科恩伯格是他的父亲。

被迫拒绝的诺贝尔化学奖

第二次世界大战期间，纳粹禁止三名德国籍科学家接受诺贝尔奖，其中两人获得诺贝尔化学奖。他们分别是：1938 年诺贝尔化学奖获得者 R. 库恩，1939 年诺贝尔化学奖获得者 A.F.J. 布特南特，1939 年诺贝尔生理或医学奖 G.J.P. 多马克。他们可以获得诺贝尔证书和奖章，但无法获得奖金。

（注：1936 年，德国记者、和平主义者 C.von 奥西埃茨基被授予 1935 年的诺贝尔和平奖，世人公认这是全世界对纳粹主义的谴责。由此，希特勒震怒，下令禁止任何德国人接受诺贝尔奖。）

为什么诺贝尔奖得主又被称为 Nobel Laureates？

“Laureate”这个词是戴桂冠的意思。在希腊神话中，阿波罗神将月桂树枝叶编成桂冠戴在头上，并宣布月桂树是太阳神的常青树，只有胜利者才能戴上荣耀的月桂冠。在古希腊的体育比赛和诗歌会上，桂冠都会作为荣誉的象征被授予胜利者。这也是为什么现在桂冠象征了荣耀、光辉和最高成就。

诺贝尔化学奖得主及其研究领域

生物化学领域是目前诺贝尔化学奖中获奖最多的研究方向。

“不务正业”的“诺贝尔理综奖”

说起诺贝尔化学奖，不得不提到它的俗名“诺贝尔理综奖”。自 1901 年首次颁奖以来，诺贝尔化学奖被多次颁发给生物、生物化学、生物物理、物理等领域，可谓是“不务正业”。

据统计，2001 ~ 2015 年，在已颁发的 15 个诺贝尔化学奖中，与生物相关的化学奖达 10 次之多。T. 林达尔、P. 莫德里克和 A. 桑贾尔就因“DNA 修复机制的研究”而获得 2015 年诺贝尔化学奖。1945 年，诺贝尔化学奖甚至被颁给了一个似乎属于农业领域的研究——发明酸化法贮存鲜饲料。

当然，这并不是诺贝尔化学奖真的在不务正业，为颁奖而凑数。事实上，诺贝尔奖的颁发一直以来都遵循“宁缺毋滥”的评奖理念，那频频遭受争议的诺贝尔化学奖到底是怎么一回事呢？有分析认为，研究生命问题时，研究对象是蛋白质等生物大分子，但在探究其内部细节的功能意义与变化调控时，实际上遵循的是化学规律，理应属于化学范畴。

诺贝尔化学奖的研究离我们有多远？

尽管诺贝尔化学奖的获奖研究看起来都太过“高大上”，但自设立以来，诺贝尔化学奖的研究成果就惠及了人们生活的方方面面。

雨衣为什么能防水？钢材怎么才能防腐蚀？洗涤剂为什么会有去污作用？合成橡胶为什么需要催化剂？表面化学的运用在生产生活中无处不在。1932 年，美国科学家 I. 朗缪尔因表面化学的发现和研究而获得诺贝尔化学奖，从而开创了表面化学领域。获奖后，朗缪尔甚至在其发现的基础上，延伸出了人工降雨的现实应用。

维生素作为维持生命机能健康的重要组成元素，可谓是无人不知。1937 年是维生素研究硕果累累的一年，英国科学家 W.N. 霍沃思因研究糖类和维生素 C 的结构而获得诺贝尔化学奖；瑞士科学家 P. 卡勒也因研究类胡萝卜素、核黄素、维生素 A 和维生素 B 的结构而获奖。

塑料、橡胶、纤维、薄膜、黏合剂、涂料等高分子材料产品，在人们衣、食、住、行中扮演的重要角色早已是无可替代。1953 年，联邦德国科学家 H. 施陶丁格因高分子化学方面的工作获诺贝尔化学奖；1963 年，意大利科学家 G. 纳塔、联邦德国科学家 K. 齐格勒因合成塑料用高分子并研究其结构而共同获奖。他们的研究，使各类高分子材料的推广普及拥有了坚实的理论基础。

卢瑟福与诺贝尔化学奖的奇妙缘分

卢瑟福作为一名国际著名物理学家，曾认为“物理学是科学，其他所谓的科学不过是集邮”。但生活总是充满惊喜和意外，1908 年，卢瑟福因研究元素衰变和放射化学而获得诺贝尔化学奖，这成为他“一生中绝妙的一次玩笑”。

卢瑟福在科学领域有着杰出贡献，发现并命名了质子，还实现了人工核反应。他也因此被冠以众多头衔——世界知名的原子核物理学之父、继法拉第之后最伟大的实验物理学家、科普利奖章获得者等，他的头像甚至还被印在了最大面值（100 元）的新西兰货币上。

卢瑟福最被人津津乐道的，还是他在“传道授业”方面令人惊叹的成就。在他的学生中，共有丹麦物理学家玻尔，德国放射化学家、物理学家 O. 哈恩，苏联物理学家 P.L. 卡皮察等 10 位诺贝尔奖得主，他的实验室也因此被誉为“诺贝尔奖的摇篮”。

最巧合的生日献礼

2007 年 10 月 10 日，2007 年度的诺贝尔化学奖公布，德国科学家 G. 埃特尔因为在表面化学研究领域做出的突出贡献而幸运获奖。巧合的是，当天正好是埃特尔 71 岁生日。

诺贝尔奖是怎么评奖的？

①每年 9 月至次年 1 月 31 日，接受各项诺贝尔奖推荐的候选人。通常每年推荐的候选人有 1000 ～ 2000 人。

②具有推荐候选人资格的有：先前的诺贝尔奖获得者、诺贝尔奖评委会委员、特别指定的大学教授、诺贝尔奖评委会特邀教授、作家协会主席（文学奖）、国际性会议和组织（和平奖）。

③不得毛遂自荐。

④瑞典政府和挪威政府无权干涉诺贝尔奖的评选工作，不能表示支持或反对被推荐的候选人。

⑤ 2 月 1 日起，各项诺贝尔奖评委会对推荐的候选人进行筛选、审定，工作情况严加保密。

⑥ 10 月中旬，公布各项诺贝尔奖获得者名单。

⑦ 12 月 10 日是诺贝尔逝世纪念日，这天在斯德哥尔摩和奥斯陆分别隆重举行诺贝尔奖颁发仪式，瑞典国王出席并授奖。

诺贝尔的名言

生命，那是自然付给人类雕琢的宝石。

人类从新发现中得到的好处总要比坏处多。

我的理想是为人类过上更幸福的生活而发挥自己的作用。

我更关心生者的肚皮，而不是以纪念碑的形式对死者的缅怀。

我看不出我应得到任何荣誉，我对此也没有兴趣。

诺贝尔遗嘱

我，签名人诺贝尔，经过郑重的考虑后特此宣布，下文是关于处理我死后所留下的财产的遗嘱：

在此我要求遗嘱执行人以如下方式处置我可以兑现的剩余财产：将上述财产兑换成现金，然后进行安全可靠的投资；以这份资金成立一个基金会，将基金所产生的利息每年奖给在前一年度中为人类做出杰出贡献的人。将此利息划分为五等份，分配如下：

一份奖给在物理界有最重大的发现或发明的人；

一份奖给在化学上有最重大的发现或改进的人；

一份奖给在医学和生理学界有最重大的发现的人；

一份奖给在文学界创作出具有理想倾向的最佳作品的人；

最后一份奖给为促进民族团结友好、取消或裁减常备军队以及为和平会议的组织和宣传尽到最大努力或做出最大贡献的人。

物理奖和化学奖由斯德哥尔摩瑞典科学院颁发；医学和生理学奖由斯德哥尔摩卡罗琳医学院颁发；文学奖由斯德哥尔摩文学院颁发；和平奖由挪威议会选举产生的 5 人委员会颁发。

对于获奖候选人的国籍不予任何考虑，也就是说，不管他或她是不是斯堪的纳维亚人，谁最符合条件谁就应该获得奖金，我在此声明，这样授予奖金是我的迫切愿望。

这是我唯一有效的遗嘱。在我死后，若发现以前任何有关财产处置的遗嘱，一概作废。

诺贝尔令人惊叹的一生

诺贝尔生于斯德哥尔摩，卒于意大利圣雷莫，是杰出的化学家、工程师、发明家、企业家。

诺贝尔 1842 年随家去俄国圣彼得堡居住。1850 年去巴黎学习化学一年，后又在美国 J. 埃里克森手下工作过四年。回圣彼得堡后，在他父亲的工厂里工作。

1859 年诺贝尔开始研究硝化甘油，1862 年完成了第一次爆炸实验，1863 年获得了瑞典炸药专利。诺贝尔在斯德哥尔摩附近建立了小型工厂来生产硝化甘油，1864 年工厂爆炸，五人（其中有诺贝尔的弟弟）丧生。瑞典政府禁止重建该厂，他只好在湖里的一只驳船上进行实验。为了防止以后再发生意外，诺贝尔将硝化甘油吸收在惰性物质中，使用比较安全。诺贝尔称它为达纳炸药，并于 1867 年获得专利。1875 年诺贝尔将火棉（纤维素六硝酸酯）与硝化甘油混合起来，得到胶状物质，称为炸胶，比达纳炸药有更强的爆炸力，于 1876 年获得专利。1887 年诺贝尔发展了无烟炸药。他还有许多发明，在橡胶合成、皮革及人造丝的制造上都获有专利。

他一生共获得技术发明专利 355 项，其中以硝化甘油制作炸药的发明最为闻名。他不仅从事研究发明，而且进行工业实践，兴办实业，在欧美等五大洲 20 个国家开设了约 100 家公司和工厂，经营油田和炸药生产，积累了巨额财富。他逝世时将其主要部分作为每年对世界上在物理学、化学、医学或生理学、文学及和平方面对人类做出巨大贡献的人士的奖金基金，于 1901 年第一次颁发。1968 年起，增设诺贝尔经济学奖，由瑞典银行提供资金。

与诺贝尔奖缘分颇深的沃尔夫奖

R. 沃尔夫是一位外交家和慈善家，沃尔夫奖由他和他的家族创立的沃尔夫基金会设立，颁发给对推动人类科学与艺术文明做出杰出贡献的人士，涵盖农业、化学、数学、医学、物理和艺术领域。

沃尔夫奖每年评选一次，沃尔夫物理奖、化学奖和医学奖获得者中有三分之一的人获得了相关领域的诺贝尔奖。我国的“杂交水稻之父”袁隆平曾经获得过沃尔夫农业奖。

历届诺贝尔化学奖得主及其贡献

1901 年，荷兰科学家范托夫因发现化学动力学和渗透压的有关定律获诺贝尔化学奖。

1902 年，德国科学家费歇尔因合成糖类和嘌呤衍生物多肽获诺贝尔化学奖。

1903 年，瑞典科学家阿伦尼乌斯因创立电离理论获诺贝尔化学奖。

1904 年，英国科学家拉姆齐因发现稀有气体元素，并确定其在元素周期表中的位置获诺贝尔化学奖。

1905 年，德国科学家拜耳因研究有机染料及氢化芳香族化合物获诺贝尔化学奖。

1906 年，法国科学家穆瓦桑因制备单质氟并发明穆瓦桑电炉获诺贝尔化学奖。

1907 年，德国科学家布赫纳因发现非细胞发酵获诺贝尔化学奖。

1908 年，英国科学家卢瑟福因研究元素的蜕变和放射化学获诺贝尔化学奖。

1909 年，德国科学家奥斯特瓦尔德因研究催化、化学平衡条件和化学反应速度获诺贝尔化学奖。

1910 年，德国科学家瓦拉赫因脂环化合物方面的开创性研究获诺贝尔化学奖。

1911 年，法国科学家 M. 居里（居里夫人）因发现镭和钋，分离镭并研究镭及其化合物的性质获诺贝尔化学奖。

1912 年，法国科学家格利雅因发现格利雅试剂，法国科学家萨巴蒂埃因发明有机化合物催化氢化的方法，而获诺贝尔化学奖。

1913 年，瑞士科学家韦尔纳因研究分子中原子的键合，创立配位化学获诺贝尔化学奖。

1914 年，美国科学家理查兹因精确测定若干种元素的原子量获诺贝尔化学奖。

1915 年，德国科学家威尔施泰特因对植物色素特别是叶绿素的研究获诺贝尔化学奖。

1916 ～ 1917 年，无人获奖。

1918 年，德国科学家哈伯因氨的合成获诺贝尔化学奖。

1919 年，无人获奖。

1920 年，德国科学家能斯特因研究热化学，提出热力学第三定律获诺贝尔化学奖。

1921 年，英国科学家索迪因研究放射化学，以及同位素的存在和性质获诺贝尔化学奖。

1922 年，英国科学家阿斯顿因发明质谱仪，并用它发现多种非放射性元素的同位素，以及发现整数定则获诺贝尔化学奖。

1923 年，奥地利科学家普雷格尔因发明有机物的微量分析法获诺贝尔化学奖。

1924 年，无人获奖。

1925 年，德国科学家席格蒙迪因阐明胶体溶液的多相性和创立了现代胶体化学研究的基本方法而获诺贝尔化学奖。

1926 年，瑞典科学家斯韦德贝里因研究分散体系的贡献获诺贝尔化学奖。

1927 年，德国科学家维兰德因研究胆汁酸及其类似物质获诺贝尔化学奖。

1928 年，德国科学家温道斯因研究甾醇类的结构及其与维生素的关系获诺贝尔化学奖。

1929 年，英国科学家哈登因和瑞典科学家奥伊勒 – 凯尔平因研究糖的发酵和发酵酶的作用而共同获得诺贝尔化学奖。

1930 年，德国科学家费歇尔因研究血红素和叶绿素，合成血红素获诺贝尔化学奖。

1931 年，德国科学家博施、伯吉斯因发明和发展化学上的高压法而共同获得诺贝尔化学奖。

1932 年，美国科学家朗缪尔因表面化学的发现和研究获诺贝尔化学奖。

1933 年，无人获奖。

1934 年，美国科学家尤里因发现重氢获诺贝尔化学奖。

1935 年，法国科学家 F. 约里奥 – 居里和 I. 约里奥 – 居里因合成新的放射性元素而共同获得诺贝尔化学奖。

1936 年，荷兰科学家德拜由于在 X 射线衍射和分子偶极矩理论方面的杰出贡献获诺贝尔化学奖。

1937 年，英国科学家霍沃思因研究糖类和维生素 C 的结构，瑞士科学家卡勒因研究类胡萝卜素、核黄素、维生素 A 和维生素 B 的结构，而获诺贝尔化学奖。

1938 年，德国科学家库恩因研究类胡萝卜素和维生素获诺贝尔化学奖。但因纳粹的阻挠而被迫放弃领奖。

1939 年，德国科学家布特南特因研究性激素、瑞士科学家卢齐卡因研究聚亚甲基和高级萜类，而获得诺贝尔化学奖。布特南特因纳粹的阻挠而被迫放弃领奖。

1940 ～ 1942 年，诺贝尔奖的颁发因第二次世界大战爆发的影响而中断。

1943 年，匈牙利科学家赫维西因在化学研究中用同位素作示踪物获诺贝尔化学奖。

1944 年，德国科学家哈恩因发现重原子核的裂变获诺贝尔化学奖。

1945 年，芬兰科学家维尔塔宁因发明酸化法贮存鲜饲料获诺贝尔化学奖。

1946 年，美国科学家萨姆纳因发现酶结晶，美国科学家诺思罗普、斯坦利因制得酶和病毒蛋白质纯结晶，而共同获得诺贝尔化学奖。

1947 年，英国科学家罗宾森因研究生物碱和其他植物产物获诺贝尔化学奖。

1948 年，瑞典科学家蒂塞利乌斯因研究电泳和吸附分析，并发现血清蛋白的组分获诺贝尔化学奖。

1949 年，美国科学家吉奥克因研究化学热力学，特别是物质在极低温下的性质获诺贝尔化学奖。

1950 年，联邦德国科学家狄尔斯、阿尔德因发明并发展了双烯合成法而共同获得诺贝尔化学奖。

1951 年，美国科学家麦克米伦、西博格因发现并研究超铀元素而共同获得诺贝尔化学奖。

1952 年，英国科学家马丁、辛格因发明分配色谱法而共同获得诺贝尔化学奖。

1953 年，联邦德国科学家施陶丁格因对高分子化学方面的工作获诺贝尔化学奖。

1954 年，美国科学家鲍林因研究化学键的本质并用以阐明复杂物质的结构获诺贝尔化学奖。

1955 年，美国科学家迪维尼奥因首次合成多肽激素获诺贝尔化学奖。

1956 年，英国科学家欣谢尔伍德、苏联科学家谢苗诺夫因研究化学反应动力学而共同获得诺贝尔化学奖。

1957 年，英国科学家托德因研究核苷酸和核苷酸辅酶获诺贝尔化学奖。

1958 年，英国科学家桑格因测定胰岛素分子结构获诺贝尔化学奖。

1959 年，捷克斯洛伐克科学家海洛夫斯基因发明并发展极谱法获诺贝尔化学奖。

1960 年，美国科学家利比因创立放射性碳测年法获诺贝尔化学奖。

1961 年，美国科学家卡尔文因研究光合作用中的化学过程获诺贝尔化学奖。

1962 年，英国科学家肯德鲁、佩鲁茨因测定血红蛋白的分子结构获诺贝尔化学奖。

1963 年，意大利科学家纳塔、联邦德国科学家齐格勒因合成塑料用高分子并研究其结构，而共同获得诺贝尔化学奖。

1964年,英国科学家霍奇金因测定抗恶性贫血的生化化合物的基本结构获诺贝尔化学奖。

1965年,美国科学家伍德沃德因合成甾醇和叶绿素等有机化合物的贡献获诺贝尔化学奖。

1966年，美国科学家马利肯因研究化学键和分子中的电子轨道方面的贡献获诺贝尔化学奖。

1967年，联邦德国科学家艾根与英国科学家诺里什、波特由于对极快化学反应研究的突出成就，而共同获得诺贝尔化学奖。

1968年，美国科学家昂萨格因对不可逆过程热力学理论的贡献获诺贝尔化学奖。

1969年，英国科学家巴顿、挪威科学家哈赛尔因在测定有机化合物的三维构象方面的工作而共同获得诺贝尔化学奖。

1970年，阿根廷科学家莱洛伊尔因发现糖核甙酸及其在糖类生物合成中的作用获诺贝尔化学奖。

1971年，加拿大科学家赫茨伯格因研究分子光谱，特别是自由基的电子结构而共同获得诺贝尔化学奖。

1972年，美国科学家安芬森、穆尔、斯坦因奠定酶化学的基础而共同获得诺贝尔化学奖。

1973年，联邦德国科学家费歇尔、英国科学家威尔金森因研究有机金属化学而共同获得诺贝尔化学奖。

1974年，美国科学家弗洛里因研究长链分子获诺贝尔化学奖。

1975年，英国科学家康福思、瑞士科学家普雷洛格因研究立体化学而共同获得诺贝尔化学奖。

1976年，美国科学家利普斯科姆因研究硼烷的结构获诺贝尔化学奖。

1977年，比利时科学家普里戈金因创立热力学的耗散结构理论获诺贝尔化学奖。

1978年，英国科学家米切尔因研究生物体系中的能量传递过程获诺贝尔化学奖。

1979年，美国科学家布朗、联邦德国科学家维蒂希因在有机物合成中引入硼和磷而共获得诺贝尔化学奖。

1980年,美国科学家伯格因核酸的生物化学基础研究及DNA重组,美国科学家吉尔伯特、英国科学家桑格因DNA核苷酸序列分析技术，而共同获得诺贝尔化学奖。

1981年，日本科学家福井谦一因提出创立前线轨道理论，美国科学家霍夫曼因对分子轨道对称守恒原理的开创性研究，而共同获得诺贝尔化学奖。

1982 年，英国科学家克卢格因测定生物物质的结构获诺贝尔化学奖。

1983 年，美国科学家陶布因研究金属配位化合物的电子转移机理获诺贝尔化学奖。

1984 年，美国科学家梅里菲尔德因发明多肽固相合成法获诺贝尔化学奖。

1985 年，美国科学家豪普特曼、卡尔勒因发展了直接测定晶体结构的方法而共同获得诺贝尔化学奖。

1986 年，美国科学家赫施巴赫因开拓了化学反应动力学的交叉分子束方法，美籍华裔科学家李远哲因对交叉分子束方法做出重大改进并扩大其应用范围，加拿大科学家波拉尼因研究化学反应动力学并首先将红外化学发光法用于研究元反应，而共同获得诺贝尔化学奖。

1987 年，美国科学家克拉姆、佩德森和法国科学家莱恩因合成能够模拟重要生物过程的分子，为超分子化学奠定基础而共同获得诺贝尔化学奖。

1988 年，联邦德国科学家戴森霍费尔、胡贝尔、米歇尔因确定光合作用反应中心的立体结构，而共同获得诺贝尔化学奖。

1989 年，美国科学家切赫、奥尔特曼因发现核糖核酸的催化特性而共同获得诺贝尔化学奖。

1990 年，美国科学家科里因创建了一种独特的有机合成理论——逆合成分析原理获诺贝尔化学奖。

1991 年，瑞士科学家恩斯特因发展傅里叶核磁共振技术、发明核磁共振成像技术获诺贝尔化学奖。

1992 年，美国科学家马库斯因在电子转移反应理论做出贡献获诺贝尔化学奖。

1993 年，美国科学家穆利斯因发明聚合酶链式反应法，加拿大科学家史密斯因开创了寡聚核甙酸定位诱变的方法，而共同获得诺贝尔化学奖。

1994 年，美国科学家欧拉因发现碳正离子获诺贝尔化学奖。

1995 年，荷兰科学家克鲁岑和美国科学家罗兰、莫利纳因对地球臭氧层分解的研究，而共同获得诺贝尔化学奖。

1996 年，美国科学家柯尔、斯莫利和英国科学家克罗托因发现了一系列碳原子簇，而共同获得诺贝尔化学奖。

1997 年，美国科学家博耶、英国科学家沃克因发现腺苷三磷酸的形成过程，丹麦科学家斯科因发现维持细胞中钠离子和钾离子浓度平衡的酶，而共同获得诺贝尔化学奖。

1998 年，美国科学家科恩因提出量子化学的密度泛函理论，美国科学家波普尔因对发展量子化学计算方法所做的贡献，而共同获得诺贝尔化学奖。

1999 年，美籍埃及科学家泽韦尔因应用飞秒光谱学研究化学反应的过渡态获得诺贝尔化学奖。

2000 年，美国科学家黑格、麦克迪尔米德和日本科学家白川英树因发现和发展导电聚合物获诺贝尔化学奖。

2001 年，美国科学家诺尔斯、日本科学家野依良治因在手性催化氢化反应领域做出的贡献，美国科学家沙普尔斯因在手性催化氧化反应领域取得成就，而共同获得诺贝尔化学奖。

2002 年，美国科学家芬恩和日本科学家田中耕一因开发出分析生物大分子的质谱技术，瑞士科学家维特里希因开发出确定溶液中生物大分子三维结构的核磁共振技术，而共同获得诺贝尔化学奖。

2003 年，美国科学家阿格雷因发现细胞膜水通道，美国科学家麦金农因研究细胞膜离子通道的结构和机理，而共同获得诺贝尔化学奖。

2004 年，以色列科学家切哈诺韦尔、海尔什科和美国科学家罗斯因发现了泛素调节的蛋白质降解机理，而共同获得诺贝尔化学奖。

2005 年，法国科学家肖万和美国科学家格拉布斯、施罗克，因在烯烃复分解反应研究方面的贡献而共同获得诺贝尔化学奖。

2006 年，美国科学家科恩伯格因在真核转录的分子基础研究领域做出的贡献而获奖。

2007 年，德国科学家埃特尔在固体表面过程中的开拓性研究获诺贝尔化学奖。

2008 年，美国华裔科学家钱永健、美国科学家沙尔菲和日本科学家下村修因发现和研究绿色荧光蛋白，而共同获得诺贝尔化学奖。

2009 年，美国科学家拉马克里希南、施泰茨及以色列科学家约纳特因对核糖体结构和功能的研究，而共同获得诺贝尔化学奖。

2010 年，美国科学家赫克和日本科学家根岸英一、铃木章因对有机合成中钯催化偶联反应方面的研究，而共同获得诺贝尔化学奖。

2011 年，以色列科学家谢赫特曼因发现准晶体而获诺贝尔化学奖。

2012 年，美国科学家莱夫科维茨、克比尔卡由于在 G 蛋白偶联受体方面所做出的贡献，而共同获得诺贝尔化学奖。

2013 年，美国科学家卡普拉斯、莱维特和瓦谢勒因在开发多尺度复杂化学系统模型方面所做的贡献，而共同获得诺贝尔化学奖。

2014 年，美国科学家贝齐格、莫纳和德国科学家黑尔，因他们为发展超分辨率荧光显微镜所做的贡献，而共同获得诺贝尔化学奖。

2015 年，瑞典科学家林达尔、美国科学家莫德里克和拥有美国、土耳其国籍的科学家桑贾尔，因在基因修复机理研究方面所做的贡献，而共同获得诺贝尔化学奖。

2016 年，法国化学家索瓦日、美国化学家斯托达特和荷兰化学家费林加因在分子机器设计与合成领域的贡献，而共同获得诺贝尔化学奖。

2017 年，瑞士科学家杜博歇、美国科学家弗兰克以及英国科学家亨德森因在冷冻电子显微术领域的贡献，而共同获得诺贝尔化学奖。

2018 年，美国科学家阿诺德因酶的定向演化，美国科学家史密斯和英国科学家温特因研究缩氨酸和抗体的噬菌体展示技术，而共同获得诺贝尔化学奖。

2019 年，美国科学家古迪纳夫、英国科学家惠廷厄姆、日本科学家吉野彰因锂离子电池方面的研究贡献，而共同获得诺贝尔化学奖。

2020 年，法国科学家沙尔庞捷和美国科学家杜德纳因开发基因组编辑方法，而共同获得诺贝尔化学奖。

致　谢

图片

简写：t= 上，l= 左，r= 右，tl= 左上，tcl= 左上中，tc= 上中，tcr= 右上中，tr= 右上，cl= 左中，c= 中，cr= 右中，b= 下，bl= 左下，bcl= 左下中，bc= 下中，cb= 中下，bcr= 右下中，br= 右下

漫画供图：石玉

9cl 新华社 侯德强；9br 新华社 侯德强；10c1 新华社 欧新；10c2 新华社 周伟；10c3 新华社；10～11c 新华社 彭昭之；12～13 新华社 欧新；14～15 新华社 王晓；17cl 新华社 周伟；18cl1 新华社 申进科；18cl2 新华社 虞俊杰；18cr2 新华社 李雯；18cr1 新华社；20bl 新华社 彭昭之；21cl 新华社 余晓洁；22～23 新华社 李百顺；24cl 新华社；24br 新华社 崔静；25t 新华社；26tr 新华社；26b 新华社；27tr 新华社；27b 新华社 金立旺；29br 新华社 陈诚；30bl 新华社 张建松；32tr 新华社 罗晓光；33tr 新华社 彭昭之；33b 新华社 李晓果；38t 新华社 / 法新；39b 新华社 吴刚；41tl 新华社 白国龙；41cl 新华社 白国龙；44～45t 新华社 刘大伟；44b1 ～ 2 新华社 刘大伟；44b3 新华社 吴晶晶；46t 新华社 梁旭；46bl 新华社 梁旭；48tl4 新华社 郭求达；51b 新华社 刘江；54cl 新华社；54c 新华社 李华；54cr 新华社 卫行智；58～59 新华社 王晓；59cr1 新华社 王昊飞；59cr2 新华社 黄孝邦；60cl 新华社 单宇琦；62t 新华社 单宇琦；72cl 新华社 刘续；77t 新华社 欧东衢；77b 新华社 金立旺；78cl 新华社 张晨霖；78bl 新华社 / 美联 Rodrigo Abd；79bl 新华社 金立旺；80bl 新华社 张建松；83t 新华社 谭进；83cl 新华社 董乃德；83cr 新华社 过仕宁；84cl 新华社 / 路透；84br1～2 新华社 马平；85tl 新华社 方喆；85tr 新华社 丁汀；85cl 新华社 程敏；91t 新华社 任勇；92t1～2 新华社 任勇；95cr1 新华社 李紫恒；95cr3 新华社 张晨霖；95cr4 新华社 张建松；96cl 新华社 丁海涛；96cr 新华社 龙巍；98cl 新华社 鞠焕宗；98cr 新华社 龙巍；100c 新华社 宋振平；101bl 新华社 郭晨；104bl 新华社 龙巍；105tl 新华社 鞠焕宗；105tr 新华社 鞠焕宗；106tr 新华社 龙巍；106cr 新华社 杨世尧；106br 新华社 唐奕；108b 新华社 姚剑锋；110cr 新华社 燕雁；114bl 新华社 孙参；128cl 新华社 王长育；128cr 新华社 宋文；129bl1 新华社 姜克红；130b 新华社 王长育；131tr 新华社 徐速绘；131cr 新华社 牟宇；131br 新华社 李欣；133br 新华社 彭昭之；134tl 新华社 侯德强；135c 新华社 徐澎；137cr 新华社 张旭东；137bl 新华社 张旭东；137br 新华社 宋文。